생물다양성을 고려한 공원녹지 정책 방향
(일본편)

JN434706

이 성과는 정부(환경부)의 재원으로 한국환경산업기술원의 녹색복원 특성화대학원 사업의 지원을 받아 수행된 연구임

생물다양성을 고려한 공원녹지 정책방향

(일본편)

김영하
조미정
김민경
조은지
유승연
지음

넥서스환경디자인연구원 출판부

들어가는 말

생물과 공존하는 도시가 지속가능한 도시이다.

"우리 유전자에는 생명 사랑의 본능이 새겨져 있다"

생물다양성은 환경 · 생태적, 경제적, 문화적 가치를 제공하며, 기후 위기 대응에도 중요한 역할을 한다. 생물다양성을 고려한 공원녹지는 목재, 임산물, 대기오염물질 정화, 온실가스 흡수, 도시 열섬현상 완화, 생태관광, 쾌적한 경관 등 생태계서비스를 제공하여 삶의 질을 향상한다.

따라서 생물다양성의 손실은 더 이상 생물만의 문제가 아니라 인류의 문화와 복지, 더 나아가서 인류의 생존을 위협하는 요인이다. 인류의 의식주, 특히 음식물과 의약품은 생물다양성의 구성요소인 식물과 동물로부터 제공받고 있다.

하지만, 생물다양성의 감소가 심각한 수준이며, 경제성장에 의해 그 파괴의 속도가 급증하고 있다. 살아있는 지구지수(Living Planet Index, LPI1))가 과거 40년 전에 비해 약 절반으로 감소되었다. 하버드 생물학자 에드워드 윌슨(Edward O. Wilson)교수는 1985년 Bio Science 학술지에서 '생물학적 다양성의 위기'를 주창했으며, 1992년의 유엔환경개발회의에서 생물다양성협약을 채택했다. 쾌적한 도시 환경을 만들기 위해 다양한 법률을 근거로 효율적으로 계획을 수립하여 도시가 형성되고 있지만, '생물다양성'에 대한 고려는 아직 미흡하다.

---

1) 살아있는 지구지수는 지구상의 포유류, 조류, 파충류, 양서류, 어류 등 척추동물 10,000개체, 3,000여 종의 개체군을 모니터링 한 것으로 1970년의 개체군 크기를 1로 보고, 이후의 크기를 상대적으로 비교한 값이다.

생물다양성을 고려한 공원녹지계획을 위해서는 객관적이고 현장 적용성이 높은 생물다양성 지표를 개발하고 활용하여 생물다양성 현황을 진단하고 위협요인을 파악해 관리 방안을 마련해야 할 것이다. 또한, 생물다양성을 고려한 공원녹지 정책에 있어서 시민의 인식 증대와 참여를 유도할 수 있는 다양한 정책 및 제도도 함께 적용해야 한다.

본 책자는 이런 문제를 해결하기 위한 대안으로 생물다양성을 고려한 계획을 수립하고 실행하고 있는 일본 공익재단법인 도시녹화기구(公益財団法人都市緑化機構)와 공익재단법인 일본생태계협회(公益財団法人 日本生態系協会)를 인터뷰 조사하여 얻은 일본의 공원녹지계획 자료와 도시 생물다양성 지표 산정 자료를 바탕으로 제작되었으며, 도시 생물다양성을 평가하고 인증한 제도에 대해서도 조사하여 책자에 수록했다.

본 책자는 총 5장으로 구성했으며, 제1장은 도시의 생물다양성의 중요성을 기술하고, 제2장은 일본 지방자치단체의 생물다양성 확보 전략, 제3장은 공원녹지계획 수립 절차에서 생물다양성을 고려한 공원녹지 계획, 제4장은 도시 생물다양성 지표 산정 방법, 제5장은 생물다양성을 평가 인증 사례이다. 일본의 생물다양성 확보를 위한 계획적 접근과 도시 생물다양성 지표를 이해하기 쉽게 번역하여 책자로 편찬하는 것은 도시 내 그린인프라를 구축하고, 그 안에 다양한 생명체와 사람이 공존하는 도시를 만들기 위한 방안으로 제시했다.

전 세계 인구의 55%가 도시에 살고 있으며, 우리나라 경우는 90% 이상이 도시에 살고 있다. 도시화가 진행될수록 인간과 자연은 점차 물리적으로 격리되는 경향을 보인다. 도시화로 인한 자연과의 격리는 인류에 새로운 도전 과제가 되고 있다.

도시 내 생물다양성을 기반으로 도시와 자연 그리고 사람 간의 관계성을 회복해야 한다. 인간이 건강하고 의미 있는 삶을 위해 일상의 삶의 공간에서 자연의 중요성을 이해하고 매력적인 친환경 도시 만들기 위한 작은 보탬이 되길 희망한다.

2023년 10월 동아대학교 조경학과 김 영 하

Contents

그림목차

표목차

생물다양성을 고려한 공원녹지 정책방향(일본편)

01
도시 생물다양성의 중요성

Ⅰ. 도시의 생물다양성의 중요성

[그림 1] 생물다양성이 풍부한 도시의 이미지

생물다양성은 모든 생물 사이에 차이가 있음을 의미합니다. 지구상에는 개성이 풍부한 다양한 생물이 존재하고, 서로 영향을 주면서도 균형을 유지하고 공존하고 있으며, 생물다양성이 있기 때문에 식재료의 공급이나 지구 환경의 유지 등 다양한 혜택을 받았습니다.

그러나 우리 인류가 실시해 온 개발 등에 의해 생태계의 파괴가 진행되어 생물다양성을 위협하는 큰 요인이 되고 있습니다. 그 중대함을 바탕으로 일본을 포함한 세계 각국에서는 다양한 대응이 진행되고 있습니다.

생물다양성은 산, 바다, 숲 등이 주목되기 쉽지만, 도시에서도 중요한 역할을 하고 있으며, 주민에게 다양한 혜택을 제공하고 있습니다. 예를 들어 다음과 같은 기능을 생각할 수 있습니다.

- ✔ 물이나 대기의 정화, 미기후 등의 환경 개선 기능
- ✔ 도시지역 어린이들에게 생물과 만날 수 있는 기회를 제공함으로써 환경 교육 추진
- ✔ 도시지역의 특징적인 자연과의 교류를 통해 주거지역의 애착을 키우거나 지역 문화 형성에 기여

이와 같이 생물다양성을 확보하는 것은 귀중한 도시지역 자원이 되어 도시 가치를 높일 것으로 생각됩니다. 그러나 현재 사회는 인구의 집중에 의해 택지화가 진행되고, 수림지나 농지가 한정되어 다양한 생물이 서식 및 생육할 수 있는 공간이 급격하게 감소하고 있습니다.

또한 세계 인구의 절반 이상이 살고 있는 도시이지만, 식량 및 에너지와 같은 많은 자원 조달이 도시가 아닌 지역에 의존하기 때문에, 도시민의 경제 활동은 도시가 아닌 지역 자연환경에 큰 영향을 미치고 있다는 사실도 중요한 부분입니다.

생물다양성 확보를 위해서 도시에 사는 사람들이 생물다양성의 중요성을 이해하고 행동하는 것은 무엇보다도 중요합니다. 도시에서 생물다양성을 확보하기 위해서는 도시 사람들에게 생태계에 접할 기회를 제공하고, 생물다양성에 대한 이해를 촉진하고 도모해야 합니다.

생물다양성을 고려한 공원녹지 정책방향(일본편)

02
일본 지방자치단체에서 생물다양성 확보 전략

II. 일본 지방자치단체의 도시 생물다양성 확보 전략

1. 생물다양성 확보를 위한 지방자치단체 역할

생태계의 자연적 · 사회적 현황은 지역마다 다르기 때문에 생물다양성 확보를 위해서는 획일적인 대응이 아니라 지역마다 개별적인 대응이 필요합니다. 이를 위해서는 지역 생물 현황을 파악한 후 필요한 조치를 취해야 합니다. 도시는 생물이 서식하고 생육할 수 있는 장소가 한정적이기 때문에 계획적으로 수변이나 녹지를 배치하고, 법령 등으로 공원녹지의 보전과 생물 서식이 가능한 녹지 확보를 늘려가야 합니다. 그리고 공원녹지와 수변은 양적 증대뿐만 아니라 질이나 규모, 연결성 등의 과제도 고려해야 합니다. 이러한 과제는 도시계획 및 녹지 정책과 밀접한 관련이 있기 때문에 지방자치단체의 주체적 노력이 요구됩니다.

2016년 생물다양성 확보 현황을 평가한 지방자치단체 순위가 발표되었습니다. 이것은 국토교통성이 발표한 「도시 생물다양성 지표(都市の生物多様性指標)」를 기초로 산출된 것으로 665개소의 지방자치단체를 대상으로 지표에 대한 생물다양성의 현황을 평가한 것입니다. 이는 전 세계적으로도 드물고 선구적인 대응으로 전국 대표 언론 5개소를 비롯한 다양한 미디어에 거론되었으며, 도시 생물다양성에 대한 전 세계적인 관심이 높아지고 있는 것을 알 수 있습니다.

생물다양성이 우수한 지방자치단체의 순위 결과 내용

「도시 생물다양성 지표」를 활용하여 평가한 결과, 지방자치단체의 생물다양성 보전 대응 현황을 평가하는 지표군에서 1위가 된 것은 사이타마현 도다시(さいたまけん とだし), 가나가와현 가와사키시(かながわけん かわさきし), 효고현 고베시, 이타미시(ひょうごけん こうべし・いたみし) 등 4개의 도시로 나타났습니다. 그리고 생태계의 풍부함과 편익을 평가하는 지표군에서 1위가 된 것은 도치기현 모테기마치・나스마치(とちぎけん もてぎまち・那須郡), 기후현 에나시(ぎふけん えなし), 오사카 후노세초(岐阜県恵那市), 효고현 이노나가와초(大阪府能勢町), 나라현 우다시(兵庫県猪名川町), 히로시마현 다케하라시(奈良県宇陀市)의 7개 도시였습니다.

지방자치단체의 대응 현황의 평가 결과는 생물다양성 확보를 위한 전략을 수립하고 있는 지방자치단체가 그렇지 않은 지방자치단체보다 평균 점수가 높은 것으로 나타나, 생물다양성을 고려한 계획 수립의 중요성이 밝혀졌습니다. 지역별로는 관동(関東), 긴키(近畿), 중부(中部)의 지방자치단체가 생물다양성 보전의 대응에 적극적이며, 대응 현황의 평균점이 높아지는 경향이 나타났습니다. 또한 재정 규모가 커질수록 대응 상황의 평균점이 높아지는 경향이었습니다.

※ 출처 : 미쓰비시 UFJ 리서치 & 컨설팅 웹 사이트를 기반으로 작성
(https://www.murc.jp/publicity/press_release/press_161130/)

2. 생물다양성 확보를 위한 지방자치단체 대응

공원녹지 기본계획은 2015년 시점에서 668개소의 지방자치단체가 계획을 수립하고 있습니다. 그리고 2016년에는 계획을 수립한 지방자치단체를 대상으로 생물다양성에 관한 대응과 활용 현황에 대한 설문 조사를 시행하였습니다.

1) 공원녹지 기본계획에서 생물다양성의 자리매김

공원녹지 기본계획에서 생물다양성에 관련된 내용이 있는지, 또는 구체적인 정책 및 사업이 수립되어 있는지를 확인했습니다. 최근 수립된 공원녹지 기본계획에서는 계획적으로 생물다양성에 관련된 내용과 구체적인 정책 및 사업이 수립된 것으로 나타났습니다.

2012년 이후부터 새롭게 수립 · 개정된 공원녹지 기본계획의 8할 이상에서 생물다양성과 관련된 내용을 볼 수 있습니다. 또한, 그중 약 1/3의 공원녹지 기본계획에서 생물다양성에 대한 구체적인 정책 및 사업이 수립되어 있습니다.

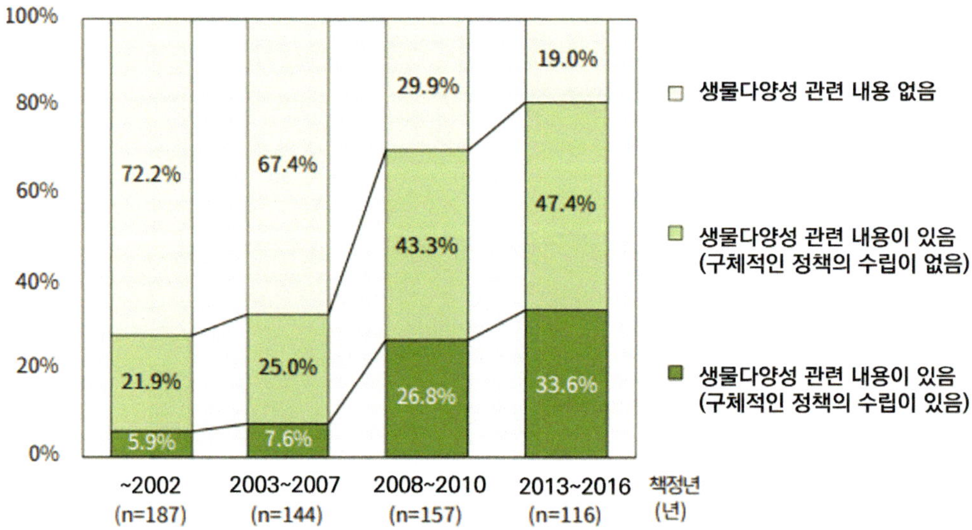

[그림 2] 수립 연도별 공원녹지 기본계획에서 생물다양성에 관한 내용

point

- 2012년 이후부터 새롭게 수립 · 개정된 공원녹지 기본계획은
- 8할 이상에서 생물다양성에 관련된 내용을 볼 수 있습니다.
- 그중 약 3분의 1은 구체적인 생물다양성 관련 정책 및 사업이 수립되어 있습니다.

2) 공원녹지 기본계획의 생물다양성에 관련된 현황

앞의 내용과 같이 공원녹지 기본계획에서 생물다양성에 관한 내용을 수록하고 있는 비율이 높아지고 있지만, 구체적인 생물다양성 정책을 수립하고 있는 공원녹지 기본계획은 전체 20% 정도에 머물렀습니다. 아직 공원녹지 기본계획에서 생물다양성에 대한 정책 및 사업 수립이 충분하지 않다고 볼 수 있습니다.

공원녹지 기본계획의 전체 내용을 살펴보면, 약 절반의 공원녹지 기본계획에서 생물다양성에 관한 내용을 다루고 있지 않았습니다. 향후 각 지방자치단체에서 공원녹지 기본계획을 수립·개정할 때 생물다양성에 관한 구체적인 정책 및 사업을 수립해야 할 것입니다.

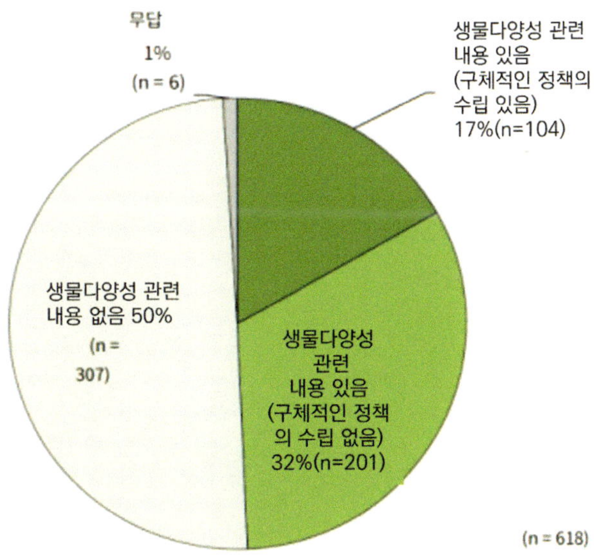

[그림 3] 공원녹지 기본계획에서 생물다양성에 관한 내용

point

- 지방자치단체가 수립한 전체 공원녹지 기본계획에서 절반 정도가 생물다양성에 관한 내용을 다루지 않고 있어, 향후 수립·개정 시 구체적인 정책·사업을 수립하는 것이 중요합니다.

3) 생물다양성 확보에 관한 대응 현황

지방자치단체가 수립한 공원녹지 기본계획에서 생물다양성 확보에 관한 대응을 살펴보기 위해서 공원녹지 기본계획의 생물다양성 추진 내용을 검토했습니다.

그 결과, 공원녹지 기본계획에서 생물다양성 확보에 관한 구체적인 내용이 없는 경우에는 정책이나 효과 검증이 거의 이루어지지 않았습니다. 하지만, 생물다양성에 관련된 내용이 있는 경우는 생물다양성 확보에 관한 구체적인 정책이나 효과 검증 등이 실행되고 있으며, 실현성 높은 생물다양성 정책은 집행이 진행되고 있는 경향이 나타났습니다.

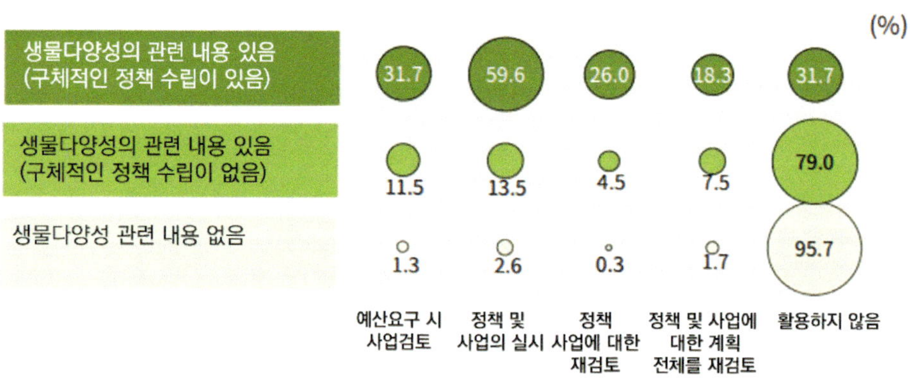

[그림 4] 공원녹지 기본계획에서 생물다양성 관련 내용에 따른 정책 집행 현황

point

- 공원녹지 기본계획에서 생물다양성 확보에 관련된 구체적인 내용이 있는 경우는 생물다양성 확보에 관한 구체적인 대응이 시행되고 있는 비율이 높으며, 실현성이 높은 정책은 집행이 진행되고 있습니다.

note

생물다양성을 고려한 공원녹지 정책방향(일본편)

03 생물다양성을 고려한 공원녹지 기본계획 수립 방법

III. 생물다양성을 고려한 공원녹지 기본계획 수립 방법

이 장에서는 실제로 공원녹지 기본계획을 수립 및 개정 시 어떤 점에 주의를 기울여 생물다양성을 고려한 공원녹지 기본계획을 수립해야 하는지 구체적인 방법을 설명하고 있습니다.

아래 그림은 공원녹지 기본계획의 일반적인 수립 절차 순서이며, 그에 따른 생물다양성을 고려한 계획 수립 방법을 설명하고 있습니다.

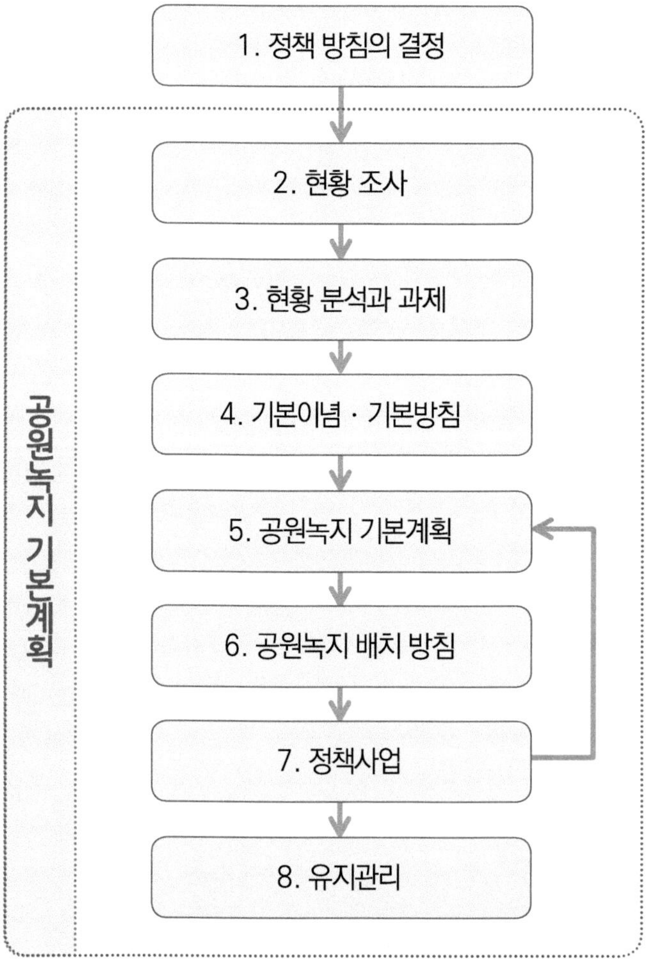

[그림 5] 공원녹지 기본계획 수립 절차에 따른 수립 내용 순서

1. 정책 방침 결정

공원녹지 기본계획 수립 · 개정을 착수하기 전, 계획 및 정책방침을 결정할 필요가 있습니다. 구체적으로 「누구와」, 「어디서」, 「어떻게」 계획을 수립 · 개정해 나갈 것인지를 결정할 필요가 있습니다.

누구와	• 관련 부서 등의 정리가 필요
어디서	• 계획을 심의하는 위원회 설정 • 전문가와 시민단체의 의견 반영도 중요
어떻게	• 공원녹지 기본계획의 자리매김 (관련 계획과의 적합성)

1) 「누구와」 : 관련 부서의 확인

생물다양성을 소관하는 부서는 지방자치단체마다 다양합니다. 환경 담당 부서나 공원녹지 담당 부서, 생활 담당 부서 등이 주관하는 경우가 많습니다.

우선, 지방자치단체 내에서 생물다양성의 정책 추진을 주관하는 부서와 관련 부서를 파악합니다.

또한 주 담당 부서에서 생물다양성 확보를 위해 어떤 방침으로 정책을 전개하고 있는지 파악합니다.

point

- 생물다양성 정책에 관련된 부서를 확인합니다.
- 주 담당 부서의 정책방침을 파악합니다.

2)「어디서」: 계획을 검토하는 장소의 설정(위원회 등)

많은 지방자치단체에서 위원회 등을 통한 계획안 검토가 일반적인데, 생물다양성 정책 또한 위원회 등을 통해 계획안을 검토하는 것이 바람직하다고 생각됩니다.

전문적 식견을 가진 전문가이며, 지역 생태계를 잘 아는 인근 대학이나 연구기관의 연구자, 박물관의 연구원 등이 위원회 후보로 적절하다고 생각됩니다. 그러한 전문가를 위원회 구성원으로 하지 않더라도 적절한 자문을 받을 수 있는 관계를 형성하면, 생물다양성을 고려한 계획을 수립할 수 있다고 생각합니다.

또한, 시민의 의견을 파악하는 것도 생물다양성 확보를 위해 지향해야 할 중요한 방향으로 고려됩니다. 그러므로 시민단체나 일반 시민을 위원회 구성원으로 생각할 수 있으며, 그 외에도 시민 설문 조사, 워크숍 등에서 의견을 수렴하는 것이 중요하다고 여겨집니다. 하지만, 계획 수립 및 개정을 위해 새롭게 시민 설문 조사를 시행하는 것은 어려움이 있을 수 있습니다. 이 경우 다른 부서에서 생물다양성에 관해 시행된 설문 조사 결과에 대한 활용 여부를 파악하는 것이 바람직합니다.

지방자치단체에서 활용 가능한 조사 결과가 없는 경우에는 타 행정기관에서 시행한 설문 조사 등을 참고할 수도 있습니다. 그리고 생물다양성에 관한 계획을 작성한 후에는 공청회를 통한 의견 수렴하는 것도 효과적입니다. 정책 전개에 있어서 시민이나 시민단체 활동이 깊게 관련되는 경우가 많이 있기 때문에, 계획 수립 시 시민단체와 협력하는 것이 생물다양성 정책 효과를 높일 수 있는 중요한 방안입니다.

point

- 상담 가능한 전문가를 확인합니다.
- 시민 의견도 수렴하는 체제를 구축하는 것을 권장합니다.

3)「어떠한」: 공원녹지 기본계획의 자리매김

공원녹지 기본계획을 수립할 때는 환경 기본계획, 경관계획, 도시계획에 관한 기본방침, 공원녹지 보전계획 등과 관련이 있는지, 적합한지를 검토해야 합니다. 그리고 도로나 하천 등의 도시공원 이외의 공공시설의 조경 공간도 도시의 골격을 이루는 녹지로서 큰 역할을 하는 경우가 많습니다. 이러한 계획과 공원녹지 공간을 담당하는 부서와의 협의가 필요합니다.

특히, 생물다양성 기본법에 근거한 「생물다양성 지역 전략」은 생물다양성 분야의 정책을 횡단하는 전략이며, 생물다양성 확보 관점에서 공원녹지 기본계획에 녹지의 보전 및 녹화 추진에 관한 사항을 수립하고자 하는 경우는 공원녹지 기본계획과 연계하는 것이 바람직합니다(도시녹지법 운용 지침 참조). 또한, 도쿄도 하무라시(東京都羽村市)와 가나가와현 사가미하라시(神奈川県相模原市)에서 수립된 공원녹지 기본계획은 생물다양성 지역 전략으로서도 자리매김하고 있으며, 실질적으로 생물다양성 지역 전략과 일체화하는 것도 하나의 방법입니다.

지방자치단체뿐만 아니라 도도부현(都道府県)의 생물다양성 지역 전략과 연계한 공원녹지 기본계획 수립이 필요합니다.

생물다양성 지역 전략과의 연계(도시녹지법 운용 지침에서)

4. 녹지의 보전 및 녹화 추진에 관한 기본계획(공원녹지 기본계획)

(10) 기본계획 수립 시 유의사항

⑥ 생물다양성 기본법(2008년 법률 제58호) 제13조 제1항에 근거하는 도도부현(都道府県) 또는 지방자치단체의 구역 내에서 생물다양성 보전 및 지속 가능한 이용에 관한 기본적인 계획(이하 「생물다양성 지역 전략」이라고 한다.)을 수립한 지방자치단체는 생물다양성 확보의 관점에서 공원녹지 기본계획에서 녹지의 보전 및 녹화 추진에 관한 사항을 수립하고자 하는 경우, 생물다양성 지역 전략에 유의하여 생물다양성 확보가 효과적이고 효율적으로 추진되도록 고려하는 것이 바람직하다.

※ 출처 : 국토교통성 「도시녹지법 운용 지침」
(http://www.mlit.go.jp/crd/park/joho/houritsu/pdf/H250401toshiryokuchi-shishin.pdf)

point

- 관련 계획을 바탕으로 공원녹지 기본계획의 자리매김을 생각합니다.
- 특히, 생물다양성 지역 전략과 연계하여 공원녹지 기본계획 수립을 고려해야 합니다.
- 도도부현(都道府県)의 생물다양성 지역 전략 등과 연계가 필요합니다.

【사례】 현(県)의 생물다양성 지역 전략을 참조하고 있는 예시

가나가와현 요코스카시(神奈川県横須賀市)는 「요코스카시 공원녹지 기본계획」에서 가나가와현의 「가나가와현(神奈川県) 생물다양성 지역 전략」을 참조하여 요코스카시의 생물다양성 관점을 광역 관점으로 자리매김하고 있습니다.

가나가와현 생물다양성 지역 전략

혼이치의 도토리는, 현토의 지역 구분 중 「미우라 반도 에리어」, 「하천・호수 및 연안지역」의 일부를 담당하고 있습니다.

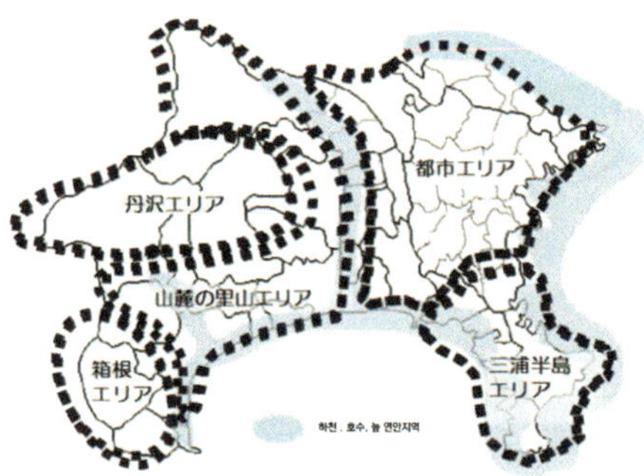

현토지역의 지역 구분도

출처 : 가나가와현 생물다양성 지역 전략

하천, 호수, 해안 지역

미우라 구릉의 엔카이산(三浦丘陵の円海山), 후타고산(二子山), 오쿠스야마(大楠山などの樹林地を擁し) 등은 동경만, 사가기만을 걸쳐서 있는 수림지 입니다.

미우라반도에 남겨진 자연을 보전하기 위해 다양한 주체와 연계·협동한 생물다양성의 보전이나 농업·수산업의 체험 학습 등 자연과 만나는 지역 만들기를 진행시켜 나가는 것이 필요합니다.

하천, 호수, 해안 지역

타마가와(多摩川)·사가미가와(相模川)·사카무가와(酒匂川などの河川) 등의 하천 등 호수와 같은 기수생태계, 조류장이나 갯벌 등을 포함한 사가미만이나 도쿄만의 연안역으로 구성되는 지역.

생물을 배려한 수변 조성이나 종합적인 토사 관리에 의한 모래사장의 회복·보전, 도쿄만의 수질의 유지·개선을 위한 대책이나, 수산 자원에 배려한 유지 가능한 수산업을 진행해 나가는 것이 필요합니다.

※ 출처 : 가나가와현 요코스카시(神奈川県横須賀市) "요코스카시 공원녹지기본계획" p.21

【사례】 공원녹지 기본계획과 생물다양성 지역 전략을 일체화한 예시

사가미하라시(相模原市)에서 「사가미하라시(相模原市) 물과 공원녹지 기본계획 개정판」을 「생물다양성 사가미하라시(相模原市) 전략」으로 자리매김하고 있습니다.

※ 출처 : 사가미하라시(相模原市) “사가미하라시(相模原市) 물과 공원녹지 기본계획”

【사례】 공원녹지 기본계획과 생물다양성 지역 전략을 일체화한 예시

도쿄도 하무라시(東京都羽村市)에서 「하무라시(相模原市) 환경과 공원녹지 기본계획-환경 · 공원녹지 · 생물다양성을 포괄적으로 수립한 하무라 플랜-」으로 환경 기본계획, 공원녹지 기본계획, 생물다양성 지역 전략을 융합하고 있습니다.

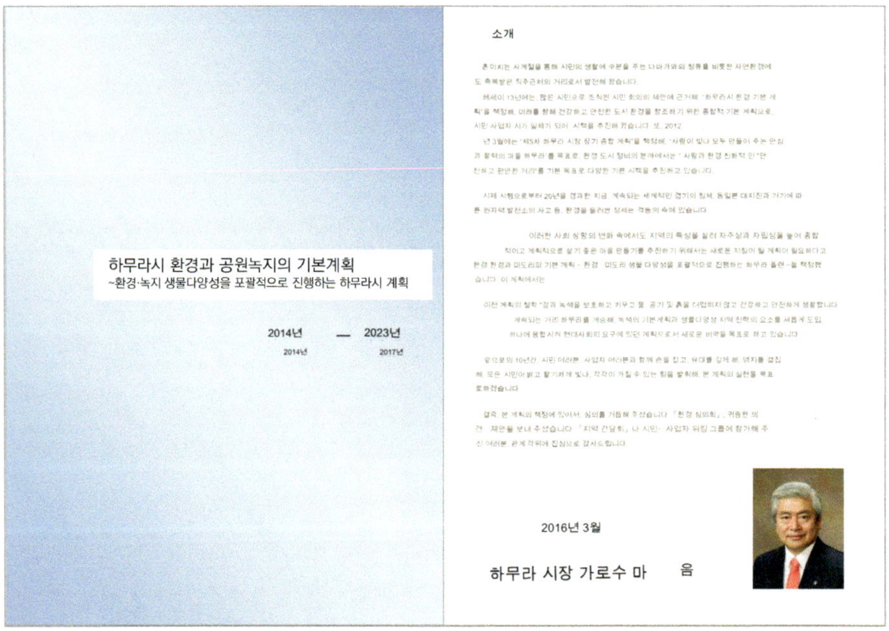
하무라시 환경과 공원녹지의 기본계획
~환경·녹지 생물다양성을 포괄적으로 진행하는 하무라시 계획

2014년 — 2023년

2014년 2017년

소개

2016년 3월

하무라 시장 가로수 마 음

※ 출처 : 도쿄도 하무라시(東京都羽村市) "하무라시(相模原市) 환경과 공원녹지기본계획"

2. 현황 조사

1) 조사 항목

현재 생물다양성의 현황을 파악하는 것은 도시 생물다양성 확보를 추진하기 위한 목표설정과 향후 정책의 방향성을 결정하는데 중요한 역할을 합니다.

• 자연조건

공원녹지 기본계획에서 기상, 지형, 녹지 등의 해당 지역 자연 현황을 정리할 때, 생태계나 생물다양성의 관점에서 자연 현황을 정리할 수 있도록 조사를 시행하여야 합니다. 예를 들어 다음과 같은 내용을 정리할 수 있는 조사가 필요합니다.

- ✔ 녹지 현황
- ✔ 서식하는 생물종 목록
- ✔ 서식하는 특유의 생물종
- ✔ 생물종의 지리적 분포
- ✔ 관찰된 생물종수와 그 추이
- ✔ 생물종의 서식 현황

• 사회적조건

생태네트워크를 만드는 것을 염두에 두고 사회적 조건의 현황을 파악하기 위해 노력해야 합니다. 예를 들어 다음과 같은 내용을 정리하고 계획에 반영합니다.

- ✔ 생태계나 동 · 식물 종 등을 보호하기 위한 법령의 규제 등
- ✔ 생태네트워크 형성과 관련된 계획 등
  (예시 : 도시계획 마스터플랜, 공공시설 배치계획 등)

그리고 법령상 보호구역 및 지정된 녹지 등이 법률에서 규정하고 있는 내용과 다르게 현실에서 활용되고 있는 경우도 있습니다. 해당 녹지를 지역 주민 등이 어떻게 이용하고 있는가? 하는 점을 상세하게 검토해야 합니다.

- ✔ 지정 구역 내 출입 여부
- ✔ 지역 상징성/시민의 애착/ 역사적 경위
- ✔ 이용자 수/방문자 수

2) 조사 방법

• 자연조건에 관한 조사

기존의 조사 결과가 이용 가능한지 확인하여, 해당 조사 결과를 적극적으로 활용합니다. 타 부서나 도도부현(都道府県), 대학, 박물관, 시민단체가 독자적으로 조사한 결과를 사용하는 방안도 권장합니다.

point

- 환경 부서의 조사 결과를 확인합니다.
- 공원녹지 부서에 한정하지 않고, 시민단체 등의 다른 주체에 의한 기존 조사 결과가 있으면 적극적으로 활용합니다.

【사례】 시민단체에 의한 조사 데이터를 활용하고 있는 예시

사이타마현 아사카시(埼玉県朝霞市) 「공원녹지 기본계획」에서 생물 서식 범위를 정리하는데, 아사카시(朝霞市)에 의한 기존 조사 결과와 함께 시민단체에 의한 조사 결과도 활용하고 있습니다.

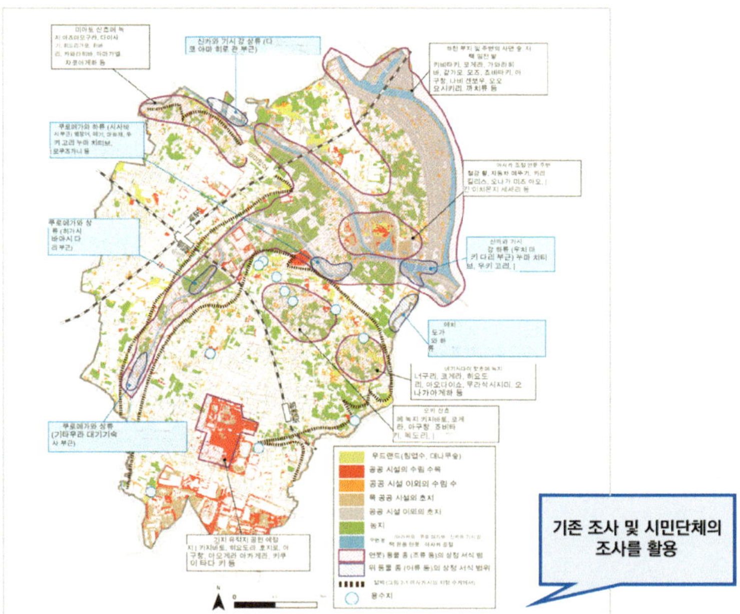

그림 2-4 시내에서 확인된 동물종 및 한정 서식 범위

※「도시의 에코로지컬 네트워크의 형성에 관한 케이스 스터디(2014년 1월 국토 교통성)」 게재도를 기초로, 피지의 분포를 2013년 경년 변화 조사에 갱신해 작성 원
전:2012년 연도 어류 조사 결과 (2010년 아사카시)
(가칭) 미야토 산초메 녹지 환경 조사 보고서 (2004 년 아침 시장)
네기시 다이 핫초메 녹지 생태계 조사 보고서 2010 년 아사카시)
기지 유적지 공원·심볼 로드에 관련된 식생 조사 및 생태계 조사 보고서(2011년 아사카시)
사이타마현 생태계 협회 아사카 지부
(2015년~20년) 구로메가와
에 친밀한 모임

※ 출처 : 사이타마현 아사카시(埼玉県朝霞市) "공원녹지기본계획"(p.8)

공원녹지 기본계획 수립 · 개정을 위해 새롭게 조사를 시행할 때, 생물다양성에 관련된 자연적 조건을 파악하기 위한 다양한 방법이 있다는 것을 유념하여 적절한 방법을 선택합니다.

최근, 기술 발전으로 과거보다 더 적은 예산으로 생물다양성에 관한 조사를 보다 더 효율적으로 할 수 있게 되었습니다. 필요에 따라 더 나은 조사 방법에 대한 검토가 이루어져야 합니다.

매크로(macro) 조사

여기에서는 넓은 광역권에서 자연적 현황을 조사하는 방법을 매크로(macro) 조사라고 합니다. 다음과 같은 방법을 이용할 수 있습니다.

GIS

도시의 생물다양성을 확보하기 위해서는 생태네트워크를 구축하는 것이 중요합니다. 따라서 지도에 녹지분포를 파악하여 표시하는 것이 매우 중요합니다. 국토수치정보 등의 통계정보를 이용하여 지역 내의 녹지를 2차원적으로 나타내는 것은 많은 공원녹지 기본계획에서 일반적으로 이루어지고 있지만, 생물다양성의 관점에서도 중요합니다. 그리고 「도시 생물다양성 지표」에서 사용하는 정의(이하참조)에 따라 생태네트워크의 현황을 파악할 수도 있습니다.

생태네크워크 현황 파악

전국에서 볼 수 있으며, 도시에서도 서식 가능한 쇠딱따구리를 평가 지표로 하여 잠재적인 서식지 또는 생육지가 되는 연속성이 있는 녹지 등으로 구성 되어있는 생태네트워크의 형성을 평가합니다.

[산정방침]

- 15ha 이상의 일체화 된 삼림(森林)이 분포 여부
  (→ 존재하지 않는 경우) 평가 대상에서 제외한다.
  (→ 존재하는 경우) 생태네트워크의 거점이 존재한다고 평가
- GIS 데이터 상에서 삼림(森林)으로 인식되는 구획(삼림(森林) 메쉬)을 대상으로 하여, 각각의 삼림(森林) 메쉬로부터 반경 250m이내의 삼림(森林) 메쉬를 연속성이 있는 녹지로 간주

항공사진

항공사진을 활용하여 녹지 현황을 파악하는 것도 생각할 수 있습니다.

마이크로(micro) 조사

특정의 지역 · 범위에 있어서 자연적 조건을 상세하게 조사하는 방법을 마이크로(micro) 조사로 하고 있습니다. 마이크로 조사 방법은 다음과 같습니다.

생물 모니터링 조사

특정 지역에서는 어떤 생물종이 얼마나 많은 개체수로 서식하는지 조사합니다. 지속적인 조사를 할 수 있도록 조사 장소, 조사 방법, 조사 대상이 되는 동 · 식물을 미리 정해 두면 연도별 변화를 파악하기 쉬워져 정책의 유지관리에 도움이 됩니다.

조사의 실시에 있어서는 전문성을 가진 연구기관이나 학식 경험자, 시민단체와의 협동 등도 의미가 있습니다. 특히 시민단체와 연계 협력을 적극적으로 활용하고 있는 지방자치단체도 볼 수 있습니다(사례 참조). 우선 지역 내 시민단체 활동 내용을 파악합니다. 지방자치단체의 시민 활동을 소관하고 있는 부서(시민과, 지역과 등)가 시민단체 활동을 파악하고 있는 경우가 있기 때문에 담당부서를 통해 확인하는 것을 추천합니다.

또한, 박물관 등에서도 시민단체의 활동 정보를 파악하는 경우도 있습니다. 시민과 학생이 협동하여 조사를 실시하는 경우에는 조사 자체를 보급 및 모듈화 하여 환경 교육 등의 수단으로 하는 것도 의미있습니다.

드론【발전】

최근에는 드론을 이용한 항공 촬영에 의해 식생도 작성 등이 이루어지고 있습니다. 드론을 이용한 생물조사는 촬영 영상(동영상 · 정지화면)에 의한 동 · 식물 확인이나, 적외선 열화상 카메라를 통해 개체를 확인하는 등의 조사가 시행되고 있습니다.

환경 DNA【발전】

해수와 하천수를 채취하여 수중에 존재하는 생물의 유래 DNA를 분석하는 기술로 바다나 강 등에 서식하는 생물종을 파악할 수 있습니다. 기존 방법과 다르게 생물 자체를 확보할 필요가 없기 때문에 매우 효율적인 방법으로 기대되고 있습니다.

point

- 새로운 조사를 할 때 다양한 특성을 가진 조사 방법이 있음을 이해하고 적절한 기술을 선택합니다.
- 새로운 기술을 이용하면 기존 방법보다 저렴하고 효율적으로 조사할 수 있습니다.

【사례】 시민과 연계한 생물조사를 실시하고 있는 예시 ①

가나가와현 후지사와시(神奈川県藤沢市)에서는 자연 · 생물 실태를 조사하는 "후지사와시(藤沢市) 자연 환경 실태 조사"를 지금까지 실시하고 있습니다. 도시 내 주된 녹지 등을 대상으로 1998년~2001년 사이에 제1회 자연생물조사가 실시되었으며, 2011~2013년 제2회 조사부터 시민, 대학, 시민단체가 주체가 되어 조사가 이루어지고 있습니다.

2-3 지난번 조사와의 차이

이번 조사의 큰 특징의 하나는, 시민이 직접, 조사 전반에 관련되어, 중심적인 역할을 완수한 것입니다. 혼이치의 자연 환경의 보전을 위해서는, 시민을 포함한 많은 주체와의 협동이 극히 중요하게 된다고 생각하기 때문입니다. 게다가 조사 방법이나 조사 체제가 변경되어도, 전회 조사에 참가한 조사원이 조사지의 변화 등의 고찰을 실시해, 조사의 계속성을 확보하고 있습니다. 또한 향후 실시하는 조사에 대비하여 조사 방법, 조사 루트, 조사 지점 등의 표준화를 도모했습니다.

2-3-1 조사 체제·방법에 있어서의 변경점

변경점을 표에 정리했습니다. 조사 전반에 걸쳐 시민, 시민 단체, 대학, 가나가와현 관계 기관 및 후지사와시의 협동으로 실시해, 현지 조사 실시자수의 합계는 80명, 조사 실시 일수는 총 687일을 필요로 했습니다. 조사 장소는, 비오토프 네트워크 형성상 중요한 논 등을 추가해, 전회 조사의 33개소로부터, 48개소로 늘렸습니다.

조사 체제·조사 방법에 있어서의 변경점

	이전 조사	[illegible]
① 조사 주체	전문업체가 주체 (시민, 대학, 단체는 협력)	시민, 대학, 단체가 주체 (전문업체가 협력)
② 시민의 참가 상황	조사에만 참여	조사 및 평가에 참여
③ 조사 대상 (녹지)	수림지를 중심으로 조사(논은 수림지에 인접한 장소만 조사)	수림지 외에 비오토프 네트워크 형성상 중요한 녹립논 추가
④ 조사 장소 수 (녹지)	33개소	48곳

※ 출처 : 가나가와현 후지사와시(神奈川県藤沢市) "후지사와시의 자연 환경 조사 결과의 개요 2012년~2013년 후지사와시 자연 환경 실태 조사"(p5)

【사례】 시민과 연계한 생물조사를 시행하고 있는 예시②

가나가와현 지가사키시(神奈川県茅ケ崎市)에서는 「지가사키시(茅ヶ崎市) 자연 환경 평가 조사」가 시행되고 있으며, 2003~2005년 제 1회 조사를 시작으로 2011년 제 2회 조사가 시행되었습니다. 하지만 2018년 제 3회 조사부터 시민단체와 연계하여 생물조사를 시행하고 있으며, 조사 시행뿐만 아니라 조사 구역의 구분이나 지표종의 선정 등의 계획단계에도 관여하고 있는 특징이 있습니다.

※ (참고) 하마구치 테츠이치 등 "지가사키시(茅ヶ崎市)에 있어서의 지표종을 이용한 시민 참가에 의한 환경 평가 조사"

※ (보전 생태학 연구 15권 : 297-307(2012년))

- **사회적 조건에 관한 조사**

법령으로 보호하는 녹지 파악

법령으로 확보되고 보호하고 있는 녹지 등은 보장성이 높기 때문에 생물다양성 확보의 관점에서도 중요합니다. 대상 지역 내에 어떤 녹지가 있는지 정리합니다. 그리고 지도에 맵핑하고 녹지 배치를 확인하는 것은 생태네트워크를 형성하는 데 중요합니다.

법령 등에 따라 확보되는 녹지

- 풍치지구(도시계획법 : 都市計画法)
- 특별녹지보전지구(도시녹지법 : 都市緑地法)
- 시민녹지(도시녹지법 : 都市緑地法)
- 녹지협정(도시녹지법 : 都市緑地法)
- 도시공원(도시공원법 : 都市公園法)
- 보존수목 · 보존수림(수목보존법 : 樹木保存法)
- 시민농원(시민농원촉진법 : 市民農園促進法)
- 생산녹지지구(생산녹지법 : 生産緑地法)
- 역사적풍토보존구역(고도보존법 : 古都保存法)
- 역사적풍토특별보존구역(고도보존법 : 古都保存法·明日香法)
- 근교녹지보전구역(수도권, 긴키권근교녹지보전법 : 首都圈·近畿圈近郊緑地保全法)
- 근교녹지특별보전지구(수도권 · 긴키권근교녹지보전법 : 首都圏·近畿圏近郊緑地保全法)

생태네트워크의 형성에 관한 계획 파악

다음과 같은 계획 등은 생태네트워크의 형성에 관여할 수 있습니다. 이러한 생태네트워크 형성에 관여하는 계획을 파악하는 것으로부터, 생태네트워크의 형성을 위해 녹지 창출의 기회를 증대하며, 현재 존재하는 녹지의 훼손을 방지하는 대응이 이루어질 수 있습니다.

녹지 등의 활용 및 현황 파악

- 도시계획 마스터플랜의 내용(목표하는 도시상, 미래 도시구조 등)
- 입지적정화계획 : Locational Optimization Plan(미래의 도시구조, 공공시설 재편 정책 등)
- 공공시설 재배치 계획(공공 시설 집약, 폐지 계획 등)

녹지 등의 활용 및 현황 파악

지역마다 녹지를 활용하는 방법은 다릅니다. 예를 들어, 아래와 같은 방법으로 이용할 수 있습니다. 활용 현황을 파악해 두면, 계획 및 정책 정리에 있어 녹지 선정의 우선도 또는 보전 방침이 변경될 가능성이 있습니다.

예) 시민단체 등이 생물다양성에 관한 대응을 시행하고 있는가?
녹지가 일반적으로 공개되어 있는가? 이용자 수는 어느정도인가?
지역 상징이 되었는가? / 시민이 애착을 느끼고 있는가?

【사례】 법령으로 정한 녹지에 대한 취지와 지역 내의 대상지 해설

사이타마현 아사카시(埼玉県朝霞市) 「공원녹지 기본계획」에서는 사회적 조건 정리로 녹지에 관련된 제도에 대해 그 취지와 지역 내 대상 지역, 면적 등을 기재하고 있습니다.

※ 출처 : 사이타마현 아사카시(埼玉県朝霞市) "공원녹지 기본계획"(2016년) p.17, 19

3. 현황분석 및 과제

1) 계획에 반영하는 현황분석 및 과제

현황 조사 결과를 바탕으로 분석 및 평가를 시행합니다. 자연적 조건과 사회적 조건의 관점에서 종합적인 평가를 시행하며, 지역마다 고유한 과제를 도출하여 목표 설정하기 위한 근거로 활용합니다.

자연 조건에 대한 분석 및 평가

사회적 조건에 대한 분석 및 평가

↓

종합 평가 · 과제의 정리

2) 현황분석 및 과제를 계획에 반영하는 방법

• 자연적 조건에 대한 분석 및 평가

대상 구역 내 녹지의 지형, 수계, 식생 등의 특성은 동 · 식물이 서식 및 생육하는 특성과 관련이 있습니다. 이를 바탕으로 각 녹지에 대해 자연환경, 희소성, 다양성의 관점을 통해 중요도를 평가해야 합니다. 예를 들면 사이타마현 아사카시(埼玉県大阪市)에서는 동 · 식물의 서식 · 생육 공간이 되는 녹지와 수변을 "매우 중요", "중요", "보통"의 3단계로 나누어 정리하고 있습니다.

【사례】 자연 조건에 대한 분석 · 평가를 실시하는 예시

사이타마현 아사카시(埼玉県朝霞市) 「공원녹지 기본계획」에서는 녹지 형태의 중요도를 자연환경과 지리적 상황으로 분류하여 지도상에 나타내고 있습니다.

표 2-4 동식물의 서식 생육 공간으로서의 녹색과 물가의 중요도 평가

중요성	평가 및 이유
동식물의 서식·생육 공간이 된다 "특히 중요한" 녹색과 물가	○ 사면림 등의 낙엽광엽수림을 주체로 하는 동식물의 서식· 생육공간 → 대지 및 강변 언덕 경사면 상의 활엽수림은 2차림인 시라카시림 또는 2차림을 대표하는 종인 쿠누기·코나라림으로 구성된 비교적 자연성이 높은 환경이다. 일부에는 용수지, 이케누마가 존재하며, 수역에서 육역까지를 포함한 다양한 환경을 갖고 있어 동식물의 서식·생육공간으로서 특히 중요하다.
동식물의 서식·생육 공간이 된다 "중요" 녹색과 물가	○ 하천 및 하천을 따라 자연성이 높은 초지를 주체로 하는 동식물의 서식· 생육공간 생육공간이나 이동로로서 기능하는 공간으로서 중요하다. ○ 논을 주체로 하는 동식물의 서식· 생육 공간 → 저지부를 중심으로 분포하는 논은, 논이나 용수로 등의 물변을 이용하는 조류 등의 동물 종이 몇개인가 확인되고 있기 때문에, 동식물의 서식·생육 공간으로서 중요하다
동식물의 서식·생육 공간이 된다 "표준" 녹색과 물가	○ 밭을 주체로 하는 동식물의 서식· 생육 공간 → 대지나 저지에 퍼지는 밭은, 자연성, 희소성, 다양성의 관점에서 특필해야 할 점은 없다 하지만 동식물의 서식·생육 공간으로서 일반적인 것이다. ○ 기타 동식물의 서식·생육 공간 → 주로 대지상의 시가지 안에 점재하는 소규모 녹색이며, 일부의 한정된 동식물의 서식·생육 공간이 되고 있다.

출처 : 도시의 생태 네트워크 형성에 관한 사례 연구 (2014 년 1 월 국토 교통성)

그림 2-15 자연 조건에 대한 조사 결과 분석 및 평가

출처 : 도시의 생태 네트워크 형성에 관한 사례 연구 (2014 년 1 월 국토 교통성)

출처 : 사이타마현 아사카시((埼玉県朝霞市)) "공원녹지 기본계획"(2016년) p.24-25

• 사회적 조건에 대한 분석 및 평가

녹지에 대한 사회적 특성을 유형화하고 각각에 대한 미래 변화를 예측하고, 해당 녹지에 대한 보장성을 평가합니다. 예를 들면, 아래와 같이 보장성을 평가하는 방법 등이 있습니다.

보장성	내용
높은	법에 따라 확보되는 녹지
↑	조례에 따라 확보되는 녹지
	공공시설의 녹지
↓	재개발 사업 등에 의해 형성된 녹지
낮은	주택 등의 민간 녹지

그리고 생태네트워크의 형성에 관한 계획 등의 조사하여 미래에 녹지의 연결이 어떻게 바뀔 수 있는지를 고려하여 지도에 녹지 연결을 표시하며, 미래 변화를 파악할 수 있는 녹지 배치 방침을 검토해야 합니다.

• 종합 평가 및 과제 정리

자연 조건과 사회 조건의 평가 결과를 바탕으로 동・식물의 서식지로 평가되는 녹지의 종류에 대해 그 중요도와 보장성의 관점에서 종합적으로 평가합니다.

• 발전

동・식물의 서식지로 이용 가능한 녹지의 특징을 파악하거나, 대체 서식지가 필요한 지역에서 확보해야 할 녹지의 양, 질, 배치 등에 관한 과제를 정리합니다.

【사례】 종합 평가의 예시

사이타마현 아사카시(埼玉県朝霞市) 「공원녹지 기본계획」에서는 자연적 조건에 의한 유형과 사회적 조건에 의한 유형을 종합하여 녹지 유형을 상세 정리하고, 지도에서 맵핑하고 있습니다.

표 2-5 생물 다양성 확보에 관한 과제 정리

	중요성: 특히 중요 낙엽 활엽수림 사사림· 저택림 등의 상록 활엽수림 아침놀 조절 줄	중요성: 중요한 하천 및 하천을 따라 자연성이 높은 풀 밭 논	중요성: 표준 밭 기타
특히 높은 특별 녹지 보전 지구	동식물의 서식·생육공간으로서 특히 중요하고, 담보성도 특히 높기 때문에, 지속적으로 질을 유지할 필요가 있는 녹색과 물변 (ㅏ)	(아사카시에서는 해당 없음)	(아사카시에서는 해당 없음)
높은 도시 공원, 하천 구역, 생산 녹지 지구, 근교 녹지 보전 구역, 시 지정 문화재, 공공 시설의 녹지, 시 조례에 근거하는 보호 지구	동식물의 서식·생육공간으로서 특히 중요하고, 담보성도 높기 때문에, 동식물의 서식·생육공간으로서의 질을 계속적으로 유지해, 녹지의 담보성을 한층 높일 필요가 있는 녹색과 물변 (비)	동식물의 서식·생육공 에서 룸새로서 중요하고, 담보성도 높기 때문에, 동식물의 서식·생육 공간으로서의 질과, 녹지의 담보성을 한층 높여야 할 필요가 있는 녹색과 물가 (씨)	동식물의 서식·생육공간으로서는 표준적이지만, 담보성은 높기 때문에 동식물의 서식·생육공간으로서의 질을 높여야 할 필요가 있는 녹색과 물가 (디)
낮은 공공 시설 이외의 녹색과 물가, 법령 등에 의해 보전되지 않은 녹색과 물가	동식물의 서식·생육공간으로서 특히 중요하서 밤으로 중요하지지만, 향후 다른 토지 이용으로의 변경이 계획되고 있는 녹색과 물변	동식물의 서식·생육공에 만, 담보성이 높지 않기 때문에, 동식물의 생식·생육공간으로서의 질과 담보성을 높여야 하는 녹색과 물가 (F)	동식물의 서식·생육공간으로서 표준적이며 담보성이 높지 않기 때문에 동식물의 서식·생육공간으로서의 질과 담보성을 높일 필요가 있는 녹색과 물변 (G)

출처 : 도시의 생태 네트워크 형성에 관한 사례 연구 (2014 년 1 월 국토 교통성)

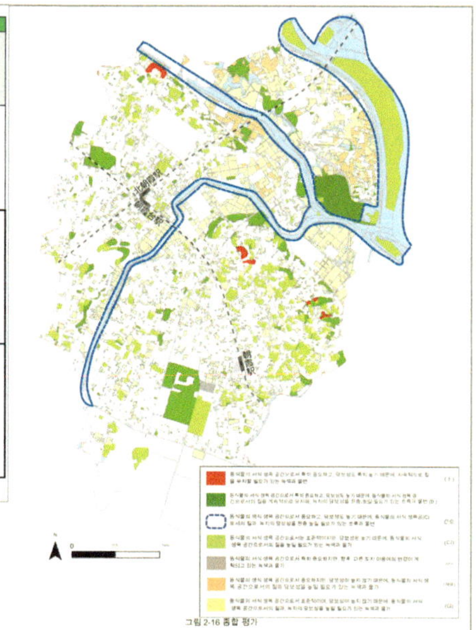

그림 2-16 종합 평가

※ 「도시의 에코로지컬 네트워크의 형성에 관한 케이스 스터디(2014년 1월 국토 교통성)」 게재도를 기초로, 2016년 3월에 지정한 특별 녹지 보전 지구 3 지구를 추가, 아사카시 기지 유적지 이용 계획(2015년 12월)을 반영해 작성

※ 출처 : 사이타마현 아사카시(埼玉県朝霞市) "공원녹지기본계획"(2016년) p.26-2

【사례】 동 · 식물의 서식지인 녹지를 분석 · 평가하고 있는 예시(도쿄도)

메구로구(目黒区) "공원녹지 기본계획"에서는 대상 구역 내의 녹지에 대해서 생물조사 결과를 바탕으로 주요 녹지마다 생물다양성을 고려한 분석 결과를 나타내고 있습니다.

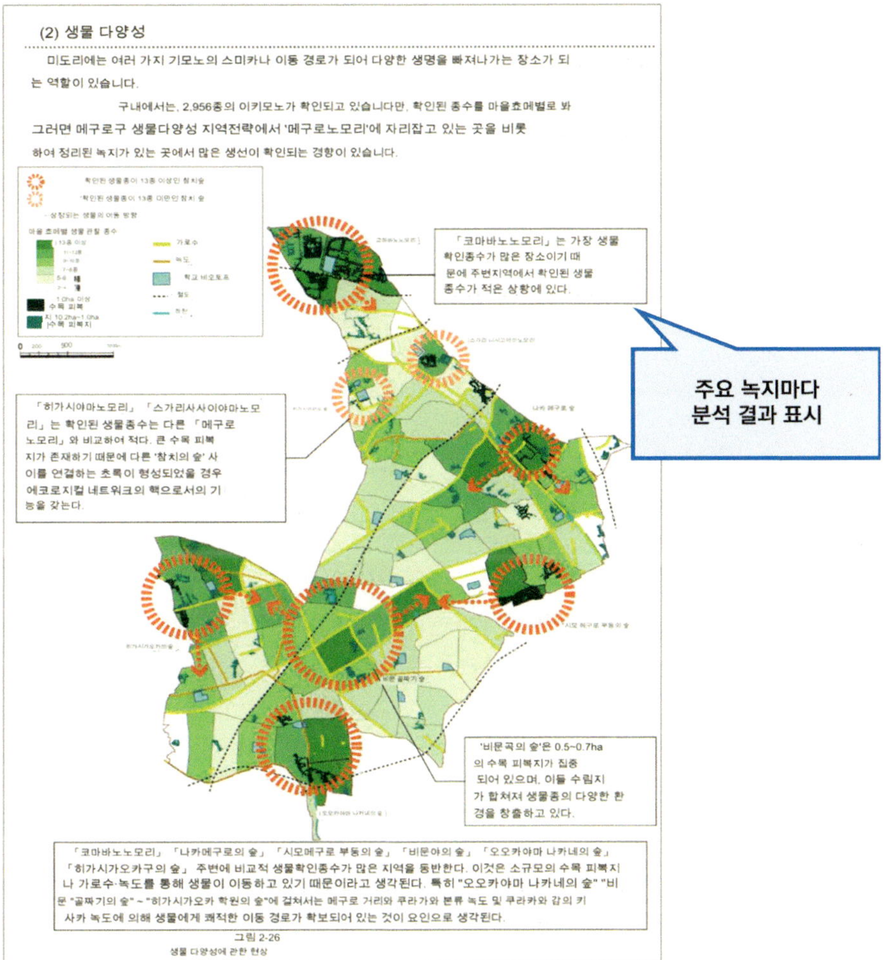
(2) 생물 다양성

미도리에는 여러 가지 기모노의 스미카나 이동 경로가 되어 다양한 생명을 빠져나가는 장소가 되는 역할이 있습니다.

구내에서는, 2,956종의 이키모노가 확인되고 있습니다만, 확인된 종수를 마을쵸메별로 봐 그러면 메구로구 생물다양성 지역전략에서 '메구로노모리'에 자리잡고 있는 곳을 비롯하여 정리된 녹지가 있는 곳에서 많은 생선이 확인되는 경향이 있습니다.

「코마바노노모리」 「나카메구로의 숲」 「시모메구로 부동의 숲」 「비문아의 숲」 「오오카야마 나카네의 숲」 「히가시가오카구의 숲」 주변에 비교적 생물확인종수가 많은 지역을 동반한다. 이것은 소규모의 수목 피복지나 가로수·녹도를 통해 생물이 이동하고 있기 때문이라고 생각된다. 특히 "오오카야마 나카네의 숲" "비문 "골짜기의 숲" ~ "히가시가오카 학원의 숲"에 걸쳐서는 메구로 거리와 쿠라가와 본류 녹도 및 쿠라카와 갑의 키사카 녹도에 의해 생물에게 쾌적한 이동 경로가 확보되어 있는 것이 요인으로 생각된다.

그림 2-26
생물 다양성에 관한 현상

※ 출처 : 도쿄도 메구로구(東京都目黒区) "공원녹지 기본계획"(2016년) p.25

4. 기본 이념 · 기본방침

1) 기본방침에 작성해야 하는 내용

공원녹지 기본계획 전체의 기본 이념의 방향성이 되는 기본방침에 생물다양성 개념을 포함하여, 공원녹지 기본계획의 전체 목표 설정에 생물다양성을 고려한 내용을 포함해야 합니다. 구체적으로 생태네트워크 형성에 의한 생물다양성 확보에 관한 목표와 생태계가 가지고 있는 다양한 기능 및 서비스(수질정화, 기후 조절 등)를 시민들에게 이해시키고 인식 전환에 관한 정책 방향을 수립해야 합니다. 그리고 생태계를 형성하고 있는 동 · 식물과의 만남의 장소 확보 등에 관한 계획을 큰 틀에서 생각하는 것도 중요합니다.

예를 들면, 기본 이념 · 방침의 내용은 다음과 같은 사항을 포함해야 합니다.

- ✔ 해당 지역 생물다양성의 중요성
- ✔ 생물다양성을 고려한 녹지 보전 방침
- ✔ 생물다양성 보전에 관한 이념과 시민 참여에 관한 방침

그리고 공원녹지 기본계획에서 목표 수치로 「녹피율」 등을 사용하는 것이 보통이지만, 그 외 해당 지역의 중요한 생물종(지표종) 서식지 면적이나 동 · 식물 종수 등을 목표로 할 수도 있습니다.

2) 기본방침 작성 방법

공원녹지 기본계획 전체에서 생물다양성에 대한 부분이 고려되도록 기본 이념과 기본방침, 목표 수치에서 생물다양성의 확보, 보전, 활동을 언급합니다.

point

- 생물다양성을 보전의 중요성을 확인하고 기본계획 이념과 방침을 명시합니다.
- 전체 계획과 관련된 기본 정책 중 생물다양성 보전 및 활용을 언급합니다.
- 지역에서 중요한 생태계나 생물종의 존재나 생물다양성과 지역 문화와의 관계를 확인하여, 수치로 목표를 설정할 수 없는지 검토합니다.

【사례】 생물다양성의 보전 및 활용을 계획 기본 이념과 기본방침에 포함하고 있는 예시

생태계서비스 활용 등을 계획 전체의 목표에서 제시하고 있습니다.

계획 목표

엄격한 재정 상황 속, 타마시의 특색이며 시민으로부터의 평가도 높은 미도리 풍부한 환경을, 다양한 수법에 의해 보전해, 그 미도리를 생활과의 조화(밸런스)를 배려하면서, 시민·사업자· 행정 등의 협동에 의해 지켜 기르고, 타마시다운 초록을 형성해 나가기 위해서, 계획의 목표를 이하의 이렇게 설정했습니다.

「자연과 생활이 조화를 이룬 타마시의 녹지 형성」

타마시의 골격을 이루는 공원녹지(거점과 축)를 중심으로, 생물 다양성에도 배려한 미도리를 지속적으로 지켜 키우는 것과 동시에, 방범·교통 안전의 향상, 방재·거리 경관의 향상이라고 하는 시민의 생활 에 관련된 다양한 요구와의 조화를 도모하면서, 미도리와 시민과의 관계를 생활 속에 적극적으로 도입해 나갈 것입니다. 그 중에서, 「공원녹지의 재생」, 즉 「공원녹지의 양에서 질로의 전환」, 「사랑에서 미도리에서 관련된 미도리로의 전환」을 진행해 갑니다.

이를 통해 공원녹지의 다양한 기능 (도시 환경의 유지 개선 기능, 안전성과 방재성을 향상시키는 기능, 건강 활동 · 레크리에이션 · 커뮤니티의 장을 주는 기능, 경관 형성 기능)을 유효하게 활용한 다마다운 공원녹지의 보전·조화·참가를 도모해 갑니다.

> 기본 이념에 해당하는 부분에서 생물다양성에 대한 배려에 대해 언급

■ 목표의 실현을 향한 방향성 (소 목표) 한 방향으로 표시됩니다.

차세대에 계승할 수 있는 공원녹지에 ~차세대에 공원녹지를 연결~

보전 | 생물 다양성에 배려한 타마시의 풍부한 녹지 재고를 양적으로도 질적으로도 유지하면서 차세대에 연결해 나가기 위해 다양한 보전의 구조 만들기나 협동의 대처를 육성 가는 시책을 추진해 갑니다.

> 기본 방침에 해당하는 곳에서 생물다양성을 고려한 녹지 보전 등에 대해 언급

도시의 성숙화에 따른 공원녹지에 ~ 생활과 공원녹지를 연결~

"조화 | 사회 환경의 변화에 수반하는 시민의 생활에 있어서의 다양한 요구(방범, 방재, 교통 안전 대책, 거리 경관 향상 등)과, 공원녹지가 조화된 시책을 추진해 갑니다.

시민이 풍요를 실감할 수 있는 공원녹지에 ~시민과 공원녹지를 연결~

참여 | 많은 시민이 평가하고 있는 타마시의 도도리에 대해서, 시민이 관여하는 것으로 풍부함을 실감할 수 있어 지역에의 애착심을 향상시켜 가는 시책을 추진해 갑니다.

※ 출처 : 도쿄도 메구로구(東京都目黒区) "공원녹지기본계획"(2016년) p.34

5. 공원녹지 기본계획

1) 공원녹지 기본계획에 작성하는 내용

생물다양성을 정책 체계 속에 위치시키고 생물다양성의 보전과 활용에 관한 정책이 공원녹지 기본계획에 통합되도록 합니다. 생물다양성을 확보하기 위해서는 단순히 생물을 지키는 것 외에 생태계가 가지는 다양한 기능 발휘도 필요합니다. 그러므로 생물다양성을 하나의 큰 항목으로 정리하는 것보다, 정책 체계 속에서 세부 계획으로 생물다양성 보전이나 기능 발휘를 할 수 있도록 정책 및 사업을 수립해야 합니다.

예를 들어, 다음과 같은 내용을 정리하여 정책 체계를 구성하는 것이 좋을 것으로 생각됩니다.

- ✔ 정책의 방향
- ✔ 기본계획
- ✔ 세부 정책에 따른 세부 계획 목록

2) 공원녹지 기본계획 작성시 유의점

• 생물다양성에 관한 정책 방향 및 계획

공원녹지 기본계획에서 생물다양성에 관한 정책 방향을 정리하고, 「공원 정비 계획」, 「녹지보전 계획」, 「문화 · 학습 활동」, 「녹지 네트워크 형성」 등 다양한 정책 분야에서 생물다양성을 고려한 정책 및 사업을 구성해야 합니다.

point

- 정책 방향에서 생물다양성의 보전이나 활용에 관하여 어떤 정책이 가능한지 고려합니다.
- 생물다양성을 확보하는 것은 레크리에이션이나 학습 기회의 제공, 방재 기능 등 다양한 기능과 혜택을 가져다 줄 뿐만아니라 「생물 보호 · 보전」이란 좁은 개념에도 불구하고 그 활용에 주목한 생물다양성에 관련된 정책을 정리합니다.
- 생물다양성 관련 정책 및 계획을 하나의 분류로 요약하지 않고, 많은 분야에 폭 넓게 포함시킵니다.

【사례】 기본계획에서 생물다양성에 관한 고려를 다양한 정책 분야에 자리매김 한 예시

도쿄도 메구로구(東京都目黒区) 공원녹지 기본계획에서는 생물다양성을 고려한 계획 및 정책을 다양한 정책 분야에서 시행하고 있습니다.

1. 정책의 체계

기본 방침	정책의 방향성	정 책
1 모두가 접근하기 쉬운 녹지로 키워요	(1) 주민의 녹지를 키워가는 의식 형성	❶ 정보 공유 및 발신 (★) ❷ 녹지에 친숙한 이벤트 시행 ❸ 녹지의 필요성 보급 ❹ 녹지 내 생물의 기초적인 조사 시행 ❺ 자주적 시민단체 연계 추진 (★)
	(2) 주민 활동의 장소와 참여의 기회 제공	❶ 녹지 동호회 활동 추진 (★) ❷ 시민에 의한 공원 활성화 (★) ❸ 녹지의 환경교육 시행 ❹ 사업자 등과의 연계 촉진 (★)
2 녹지를 활용하여 지역의 매력을 높여가요	(1) 녹지를 활용한 매력있는 마을 만들기	❶ 매력있는 녹지에 의한 마을 형성 (★) ❷ 녹지의 관광 자원화 및 홍보 (★) ❸ 지역계획 등에 의한 녹화 추진 ❹ 다양한 녹지의 활성화 추진
	(2) 공원 등의 매력향상	❶ 어린이 성장의 장소로서 녹지 활용 (★) ❷ 심신의 건강을 지키기위한 공원 만들기 (★) ❸ 공원 특성을 활용한 관리 ❹ 지정관리자 제도 등을 활용 ❺ 공원 활용 제안 제도 검토 (★) ❻ 녹지 리사이클 추진 ❼ 생물이 서식할 수 있는 환경 만들기 (★)
3 역사문화의 녹지로 지키고 계승해요	(1) 수목 및 수림지 보전	❶ 주택지 녹지보전 (★) ❷ 보존 수목 보전 지원 ❸ 사찰림 및 사유림의 보전 및 지원 (★) ❹ 생물다양성 보전림 지정 (★) ❺ 벚나무 보전 (★)
	(2) 농지보전 및 활용	❶ 농지의 보전 및 활용 (★) ❷ 시민 농원 확보
4 다양한 녹지를 연결하여 녹지를 펼쳐가요	(1) 녹지 네트워크 형성	❶ 녹도정비 ❷ 녹지의 산책로 정비 및 활용 ❸ 도로녹화 추진 ❹ 수변 녹지화 추진 ❺ 옥상녹화 및 벽면녹화 추진 (★) ❻ 연접도로 녹화 추진 (★)
	(2) 사유지 녹화	❶ 사유지 녹화 추진 (★) ❷ 묘목 배포에 의한 녹화 추진
	(3) 공공시설의 녹화	❶ 공공시설 녹화 추진 ❷ 학교 녹화 추진 ❸ 관공서 녹화 추진
5 풍요롭게 살아가기 위한 녹지 거점을 만들어요	(1) 공원 녹지의 정비	❶ 주민 참여를 기본으로한 공원 만들기 ❷ 접근하기 쉬운 공원 정비 ❸ 다양한 방법에 의한 공원 정비 ❹ 도시계획 도시공원 정비 ❺ 공원 자원 재편 (★) ❻ 장기간 사용 가능한 공원시설 정비 (★)
	(2) 만남의 광장 등 확보	❶ 만남의 광장 정비 ❷ 민간에 의한 녹지 오픈스페이스 창출 (★)

: 신규 정책
: 이전 정책에서 구체화 한 정책
★ : 중점적으로 대응하기 위한 추진한 정책
: 이전 정책에서 세부화한 정책
: 이전 정책에서부터 유지된 정책

※ 출처 : 도쿄도 메구로구(東京都目黒区) "공원녹지기본계획"(2016년) p.56

6. 공원녹지 배치 방침

1) 공원녹지 배치계획에 반영하는 내용

도시에서 생물다양성을 확보하기 위해서는 녹지 질 향상과 더불어 동 · 식물이 서식 · 생육하는데 필요한 공간 확보와 공간연결이 필요합니다. 생태네트워크 형성을 촉진함으로써 동 · 식물 종의 원활한 이동과 개체(군) 간의 교류 기회를 적극적으로 확보할 수 있습니다. 공원녹지 기본계획에서 녹지 배치에 따른 생물다양성 보전 · 재생 · 창출이 필요하며, 녹지의 양, 질, 배치 등을 검토하여 생태네트워크 형성 방침을 설정해야 합니다. 그리고 생물다양성 확보를 위한 녹지의 배치 방침을 심도 있게 생각해야 합니다. 이 경우 도시의 생태네트워크 구성 요소가 되는 핵심지구, 거점지구, 회랑지구(回廊地区 : 코리더) 및 완충 지구의 배치를 고려하는 것이 중요합니다.

예를 들어, 다음과 같은 내용을 정리하는 것이 좋을 것으로 판단됩니다.

- ✔ 핵심지구, 거점지구, 회랑지구, 완충 지구가 되는 녹지 조성을 포함한 배치 방침
- ✔ 핵심지구, 거점지구, 회랑지구, 완충 지구가 형성하는 생태계 네트워크 맵 작성

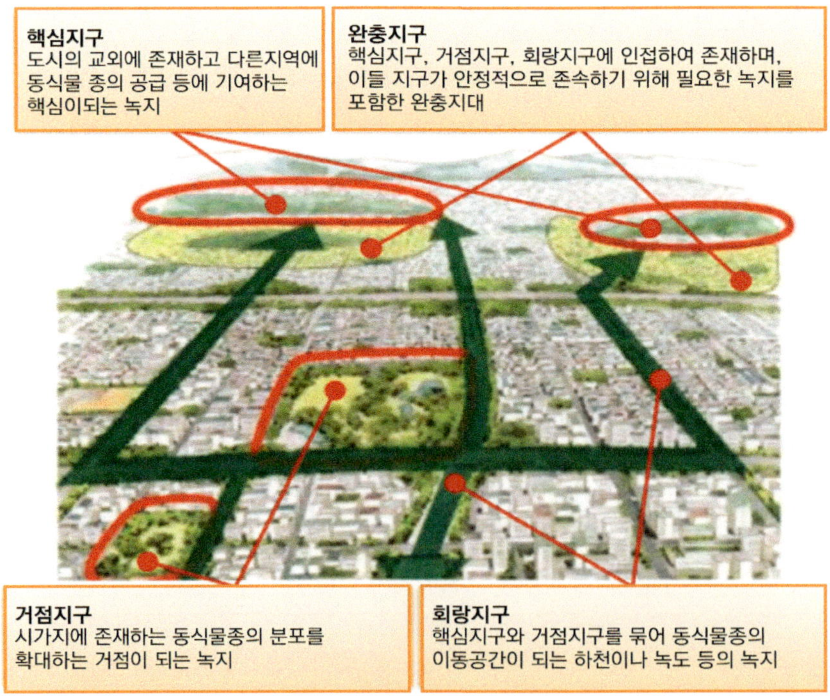

[그림 6] 생태계 네트워크 형성

2) 공원녹지 배치계획에 반영하는 방법

• 핵심지구 선정

선정된 도시의 교외에 위치한 자연환경이 우수한 녹지지역이며, 그 지역의 중요도와 희소성이 높은 생물 서식지 및 생육지가 되는 녹지로 넓은 면적을 가지는 녹지 등을 핵심지구로서 선정합니다.

point

- 희귀한 생물 서식지 및 생육지가 되는 녹지를 선택합니다.
- 도시를 대표하는 녹지를 선택합니다.
- 도시 내 많은 동 · 식물 종이 서식하고 생육하는 녹지를 선택합니다.

• 거점지구 선정

시가지에 있어서 생물이 서식 · 생육할 수 있는 환경을 확보하고 거점이 되는 비교적 대규모인 녹지를 거점지구로 선정합니다.

point

- 목표종 등이 서식 · 생육하는데 있어서 양호한 환경을 가지는 녹지를 선택합니다.
- 일정 규모의 면적을 가진 공원 등 충분한 녹지를 확보할 수 있는 장소를 선택합니다.
- 사람과 생물이 공존할 수 있는 잠재력을 가진 장소를 고려합니다.

- **회랑지구(回廊地区 : 코리더) 선정**

핵심지구와 거점지구 사이를 연결하고 동 · 식물이 이동할 수 있는 녹지를 회랑지구로 선정합니다.

point

- 하천이나 녹도 등 선적인 특징을 가진 녹지를 선정 대상으로 검토합니다.
- 가로수도 곤충이나 조류에 있어서는 회랑이 될 수 있습니다.
- 핵심지구와 거점지구를 연결하도록 배치합니다.
- 징검다리형 모양으로 배치되는 소규모 녹지(소규모 공원 등)도 곤충 조류 등에 중요한 이동경로가 되기 때문에 회랑이 될 수 있는지 검토해봅니다.

- **완충지구의 선정**

핵심지구, 거점지구, 회랑 지구가 안정적으로 존재할 수 있도록 해당 지구 주위에 외부로부터의 영향을 완화할 수 있는 완충대가 되는 녹지를 확보합니다.

point

- 핵심지구, 거점지구, 회랑지구에 있어서 외부로부터의 영향을 받기 쉬운 장소를 특정하고, 해당 개소의 영향을 완화할 수 있는 녹지 배치를 생각합니다.

- **주변 지방자치단체와 협력 생태네트워크 구축 검토**

생물다양성에 대한 조치는 광역에 걸쳐 필요할 수 있습니다. 그 경우는 가능한 한 주변의 지방자치단체와 협동으로 정책에 임할 수 있도록 합니다(도쿄도 미나토구의 사례 참조).

point

- 주변 지역 자치단체와 생태네트워크에 대한 정보를 공유하고 보다 광범위한 생태네트워크 구축을 진행할 수 있도록 합니다.
- 광역 생태네트워크 구축은 도도부현(都道府県)이나 수도권, 간사이권 등 계획을 참고로 할 수도 있습니다.

【사례】 핵심지구, 거점지구, 회랑지구를 구체적 설정 장소를 명시한 예시

홋카이도 에니와시(北海道恵庭市) 공원녹지 기본계획에서는 어느 장소를 생태네트워크의 핵심지구, 거점지구, 회랑지구, 완충지구로 설정할지 구체적으로 나타내고 있습니다.

(2) 생태 네트워크 형성을 위한 녹지 배치 정책

1) 핵심 지구 녹지

- **시가지 및 그 주변에 목표종의 서식·생육지가 되는 다음과 같은 녹지를 배치합니다.**
  - 어천
  - 게 낚시 강(茂漁川)
  - 카시와기 강(柏木川)
  - 유칸보시 강(ユカンボシ川)
  - 루루맵 강(ルルマップ川)
  - 에니와 공원(恵庭公園)
  - 나카지마 공원(中島公園)
  - 시가지 배후의 구릉 수림지(市街地背後の丘陵樹林地)

2) 거점 지구 녹지

- **시가지 및 그 주변에 목표종의 분포 영역의 확대 등에 기여하는 다음과 같은 녹지를 배치합니다.**
  - 룰루 맵 자연 공원 후란도(ルルマップ自然公園ふれらんど)
  - 시민교류의 숲
  - 중혜정 공원(中恵庭公園)

3) 회랑 지구 녹지

- **핵심지구와 거점지구를 연결하여 목표종의 이동공간이 되는 다음과 같은 녹지를 배치합니다.**
  - 치토세가와(千歳川), 시마마쓰가와(島松川)
  - 어천 및 하천 녹지
  - 시게 낚시 강(茂漁川及)과 카시와기강 강 녹지(茂漁川河川緑地)
  - 가시와기 강 (柏木川及) 및 가시와기 강 하천 녹지(柏木川河川緑地)
  - 유칸 보시 강(ユカンボシ川及)과 유칸 보시 강 하천 녹지(ユカンボシ川河川緑地)
  - 룰루 맵 강(ルルマップ川及) 및 룰루 맵 자연공원 후란도(ルルマップ自然公園ふれらんど)
  - 방풍림
  - 우회 도로를 따라 조성된 녹지
  - 에미노 중앙 공원(恵み野中央公園及) 및 에미노 미나미·북록지(恵み野南・北緑地)

4) 완충 지구 녹지

- **완충지구의 녹지 공간은 핵심·거점·회랑 지구 녹지와 동일한 생태학적 잠재력을 가지고 있다. 또한, 보완적인 녹지 공간으로 기능하나, 본 계획에서는 핵심 ·거점·회랑 지구의 녹지 공간이 충분하다 판단하여, 완충지구의 배치 계획은 제외하였다.**

※ 출처 : 홋카이도 에니와시(北海道恵庭市) "공원녹지 기본계획"(2013년) p24

【사례】 생태다양성의 관점에서 생태네트워크 설명 및 도면화 방법 예시

홋카이도 고베쓰시(北海道江別市) 공원녹지 기본계획에서 녹지를 생물다양성의 관점에서 핵심 지구, 거점지구, 회랑지구, 완충 지구로 구분하여 도면화 했습니다.

(2) 생태 네트워크의 형성

야생 생물은 번식장, 미끼장, 휴식장 등 다양한 장소가 필요합니다. 또한 둥지가 생기거나 미끼를 잡을 때, 네구라로 돌아갈 때, 외적을 피할 때 등 다양한 목적으로 이동하고 있습니다.

이와 같이 생태계의 거점의 적절한 배치와 연결을 생태계 네트워크라고 하며, 그 형성에 있어서는 핵이 되는 지역(코어 에리어) 및 그 지역의 외부와의 상호 영향을 경감한다. 완충지역(버퍼존)을 적절히 배치, 보전함과 동시에, 생물의 분산·이동을 가능하게 함으로써 개체군의 교류를 촉진하고, 종이나 유전적인 다양성을 보전하기 위해서 생물의 서식·생육지를 연결하는 생태적인 회랑(코리도)을 확보하는 것이 필요합니다.

노보로 원시림의 에조리스

그 때문에 노포로 원시림을 코어 에리어로 하고, 그 주변의 하천공간이나 방풍림의 보전, 무성한 공원이나 가로수의 적절한 유지관리에 의해 버퍼존, 코리도를 확보하고, 공원 등의 정비시에는 콜로지컬 네트워크의 형성을 배려하면서 진행하고 있습니다.

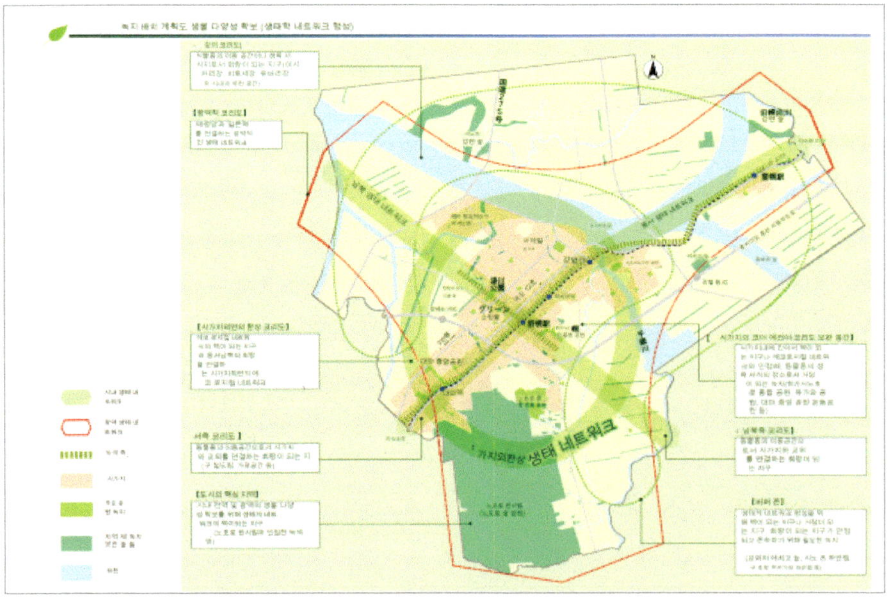

※ 출처 : 홋카이도 고베쓰시(北海道江別市) "공원녹지기본계획"(2016년) p.45-46

【사례】 생태네트워크의 관점에서 행정 구역을 넘어 녹지배치를 검토하고 있는 예시

도쿄도 미나토구(東京都港区) 생물다양성 녹화 가이드에서는 생태네트워크 관점으로부터 주변의 구(지요다구(千代田区), 시부야구(渋谷区), 신주쿠구(新宿区) 등)에 존재하는 녹지를 고려한 녹지의 배치계획을 제시하고 있습니다.

(3) 미나토우 생태네트워크 미래상(2050년)

※ 출처 : 도쿄도 미나토구(東京都港区) "생물다양성 녹화가이드"(2016년) p8

【사례】 주변 지자체와 협력하여 수변과 녹지 네트워크를 구축하고 있는 예시

도쿄도 타마시(東京都多摩市) 공원녹지 기본계획에서는 주변 지자체와 협력하여 광역적인 녹지 네트워크 구축을 시행하고 있습니다.

● 주변 지자체와의 광역 제휴를 목표로 한 대처 예

주변 지자체와의 광역 연계를 향해

~13 지자체에 의한 다마·미우라 구릉 광역 제휴 트레일의 형성~

■ 타마 · 미우라 구릉 광역 연계 트레일이란

광역 연계 회의에서는, 13 지자체의 초록과 수경의 광역 연계의 구현화의 하나로서, 각 지자체가 위치하고 있는 초록과 수경의 거점이나 네트워크를 광역적으로 연결하는 것과 동시에, 실제로 시민이 그 녹색이나 수경에 접할 수 있는 기존의 산책로나 하이킹 루트, 모래사장 등을 광역적으로 연결하고, 「광역 연계 트레일」이라고 칭해 광역적인 물과 녹색의 네트워크를 설정하고 있습니다. 그 네트워크를 지역 특성에 맞춘 10개의 고리를 설정하여 현재 그 구체화를 진행하고 있습니다.

타마·미우라 구릉 광역 제휴 트레일 이미지

■ 타마시의 관련 광역 연계 트레일

의 환은 · 능선도와 타마강을 둘러싼 환

※ 출처 : 도쿄도 타마시(東京都多摩市) "공원녹지 기본계획"(2012년) p61

7. 정책

1) 정책 계획안 검토

계획의 기본 방침을 바탕으로 생물다양성 보전 관점에서 목표를 달성하기 위해 필요한 정책을 검토 및 정리합니다. 다양한 분야의 정책에 생물다양성 확보를 위한 정책 방안을 검토하는 것이 중요합니다. 또한 동·식물과 녹지의 보전뿐만 아니라 생태계가 풍부한 녹지의 기능을 활용하기 위한 정책도 검토합니다. 실효성을 높이기 위해서는 법령 등에 근거한 녹지의 보전을 검토하는 것도 의미가 있습니다.

일반적으로 녹지의 창출, 보전, 활용 등의 기본방침을 토대로 개별 정책이 자리 잡고 있습니다. 예를 들어, 다음과 같은 생물다양성 확보에 관한 정책을 정리할 수 있습니다.

- **녹지의 보전에 관한 정책**

  특별녹지보전지구 등의 지정과 같은 법 제도의 활용, 반딧불, 가시고기 등의 희귀 소생물 보전과 함께 하천 환경 보전 등

- **녹지의 창출에 관한 정책**

  자생 식물을 고려한 공공시설의 녹화, 생물의 이동 경로를 고려한 녹도 설치 등

- **녹지의 활용에 관한 정책**

  산책로로서 녹지 활용, 자연 관찰할 수 있는 관광 자원으로서 녹지 활용 등

- **생물다양성을 위한 녹지 인식 전환과 홍보 정책**

  생물다양성에 친숙한 이벤트 시행, 생물조사 시행 등

2) 정책 계획 작성 시 포인트

- **정책 내용의 파악 · 검토**

기본방침과 정책에 대한 개별 목표를 바탕으로 각 정책 체계에서 생물다양성 확보에 관한 정책을 검토합니다.

point

- 실효성을 높이기 위해 각종 법제도 등에서 이용 가능한 것이 있는지 확인합니다.
- 단순히 녹지와 생물이 증가하는 것뿐만 아니라 그들이 제공하는 생태계서비스를 향상시키는 조치에도 주목합니다.
- 생물다양성은 훼손되면 복원이 매우 어려우므로 긴급하고 중요도가 높은 녹지의 보전에 관해서는 중점적으로 정책 수립을 검토합니다.
- 대규모 녹지를 포함한 생태계를 새롭게 창출하는 것은 쉽지 않습니다. 따라서 우선 생물다양성의 관점에서 기존의 녹지와 수변 환경을 보존하는 등 여러 방안을 생각해봅니다.
- 예전부터 공원녹지 기본계획에 자리매김하고 있는 정책에 대해서도 생물다양성의 보전에 기여하고 있는 것이 있으면 생물다양성의 관점에서 유지관리를 시행합니다.

- **정책 시행 체제의 확인**

정책을 전개할 때 누가 주체이며, 시행하는지를 명확하게 해야 합니다. 생물다양성에 관한 대응은 여러 부서의 관할과 관련되는 경우가 많기 때문에, 필요에 따라 조직을 총괄하는 횡단적인 체계로 움직일 수 있도록 해야 합니다.

point

- 정책마다 가능한 한 주요 담당 부서를 명확히 합니다. 또한 필요에 따라 다양한 부서의 횡단적인 체제로 정책이 움직일 수 있도록 합니다.
- NPO, 시민, 민간 기업 등 다양한 주체와 연계하여 정책을 시행합니다.
- 공공시설뿐만 아니라 사유지도 정책의 대상으로 검토를 진행합니다.
- 다른 부서의 관련 사업에 대해서도 확인하고, 협력을 도모하여 검토를 진행합니다.

【사례】 정책마다 생물다양성에 관한 정책의 예시

도시 녹지 등에 있어서 생물다양성 보전에 관한 정책의 예시는 이하와 같은 사례를 들 수 있습니다.

정책	정책	정책 예
녹지 보전	공원에서 생물다양성 보전	**공원 · 녹지의 유지관리에 있어서 생물을 배려 (도쿄도 미나토구(東京都港区))** • 다층구조의 수림을 보전하는 등 생물다양성을 배려한 공원녹지의 관리를 시행하고 있습니다
	기존 제도를 이용한 생물다양성 보전	**다양한 제도를 이용한 사유림의 보전(도쿄도 다마시(東京都多摩市))** • 시민녹지제도나 녹지협정제도 등 각종 녹지 보호하는 제도를 이용해 사유림의 보전을 추진하고 있습니다
녹지 창출	생생물다양성을 고려한 대규모 숲 만들기	**아마가사키(尼崎)의 숲 중앙 녹지(효고현 아마가사키시(兵庫県尼崎市))** • 임해부 유휴 공장지에서 주변 지역으로부터 날아들어 온 식물 종자로부터 묘목을 사용한 숲 만들기가 시행되고 있습니다.  ビニールハウス内外の育成場 
녹지 활용	자연관찰센터의 자연 체험	**요코하마(横浜) 자연 관찰의 숲(요코하마시(横浜市))** • 시로부터 위탁을 받은 공익재단법인 「일본 들새의 모임」의 레인저에 의해 자연관찰센터에서 전시나 자연 체험 행사가 시행되고 있습니다. 
녹지의 대중화	시민과 연계한 생물조사	**후지사와시(藤沢市) 자연 환경실태조사 (가나가와현후지사와시(神奈川県藤沢市))** • 가나가와현 후지사와시(神奈川県藤沢市)에서는 시민이나 대학 등이 주체가 되어 생물조사를 시행하고 있습니다.
		지가사키시(茅ヶ崎市) 자연 환경 평가 조사 (가나가와현 지가사키시(神奈川県藤沢市)) • 가나가와현 지가사키시(神奈川県藤沢市)에서는 조사 구역이나 지표종 선정부터 시민이 생물조사를 시행하고 있습니다.

※ 출처 : 국토교통성 「도시의 녹지 등에 있어서의 생물다양성 보전의 대응 사례」(2016년) 등 참조

【사례】 공원 관리에 생물의 시점을 포함하고 있는 예시

도쿄도 미나토구(東京都港区)의 녹지과 물의 종합계획에서는 공원 등의 유지관리에 있어서, 종래의 관리를 재검토하여 동 · 식물이 서식 · 생육하기 쉬운 환경을 만들 수 있도록 고려하는 방침을 내세우고 있습니다.

● 공원이나 수변에 서식, 생육하는 다양한 동식물을 보전하기 위해, 생물다양성을 배려한공원 유지관리를 진행합니다.

- 보호가 필요한 자생초본 방치하기
- 겨울철새나 곤충의 월동을 배려한 초본 남기기
- 교목·아교목·관목 등 계층구조가 발달한 수림의 보전
- 수림 내 조도 확보를 위한 가지치기
- 간벌
- 적절한 비오톱 관리
- 수변과 녹지를 종합적으로 고려한 유지관리 등

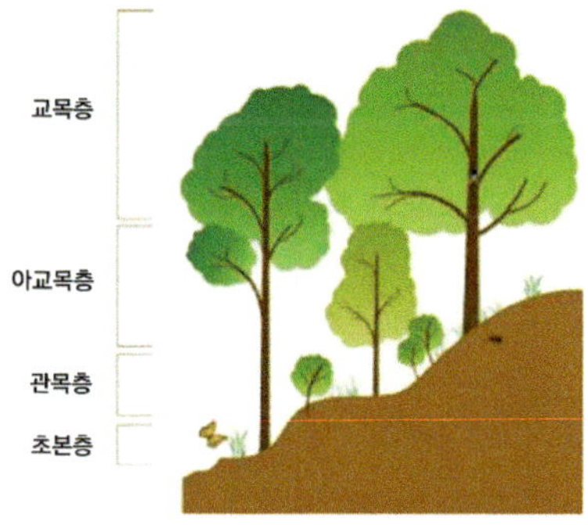

[수림의 계층구조]

※ 출처 : 도쿄도 미나토구(東京都港区) "녹지와 물의 종합계획"(2012년) p.103

【사례】 다양한 제도를 이용한 사유림의 보전 예시

도쿄도 타마시(東京都多摩市)의 공원녹지 기본계획에서 다양한 제도를 이용한 사유림의 보전을 추진하고 있습니다.

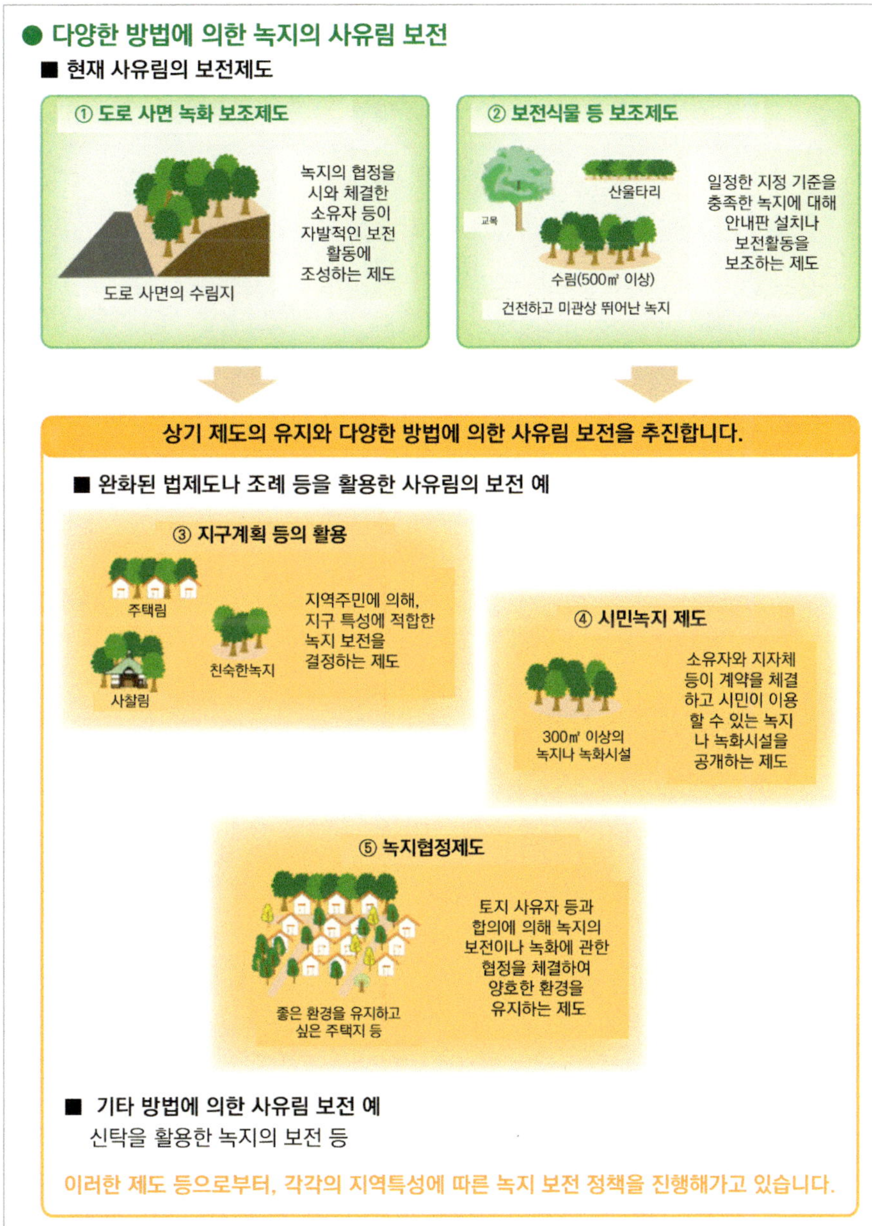

※ 출처 : 도쿄도 타마시(東京都多摩市) "공원녹지기본계획"(2012년) p.53

【사례】 각각의 정책에 대해 담당 부서를 명확히 하고 있는 예시

사이타마현 도다시(埼玉県戸田市)의 공원녹지 기본계획에서는 각각의 정책에 대해서 담당 부서를 명확하게 하고 있습니다.

★ : 「물과 녹색의 네트워크 형성 프로젝트(도다시 지구) 행동 계획」의 행정의 행동 계획과의 정합을 도모한 중점 시책 때문에, 자세한 것은 동행 행동 계획을 참조 ☆ :
★ 이외의 중점 시책

번호	시책명	시책 내용	중점 시책	시책을 취함으로써 실현을 도모하는 계획의 시브 테마						역할 분담 (시)												역할 분담		
				자연공생도시	물·녹색환경도시	방재도시	경관도시	공원도시	시민참가도시	공원녹지과	도로과	건축과	하천과	도시계획과	토지구획정리사무소	도시정비과	환경크리·과	방범·예철 교통과	경제진흥과	위기관리방재과	교육총무과	공원녹지공사	시민	사업자
(1)-① 도시 공원 등의 개수·유지 관리																								
1	환경 및 생물 다양성을 고려한 공원 정비	공원내의 녹색에 대해서는, 도시 환경이나 생활 환경, 생물 다양성을 배려한 식재종의 선정 및 적절한 유지 관리를 진행합니다.	★	·	·					●							●							
2	방재 기능의 향상을 도모한 공원의 개수 및 유지 관리	연소 차단 기능·피난자 보호의 녹지 형성 등의 방재 기능의 향상을 도모한 공원내의 녹색의 적절한 유지 관리를 진행하는 것과 동시에, 방재 설비의 충실을 도모한 공원의 개수를 진행합니다.				●				●										●				
3	안전한 이용을 고려한 공원의 유지 관리	공원을 보다 안전하고 쾌적하게 이용할 수 있도록 시설의 정기적인 점검이나 유지 관리나 방범성을 배려한 녹색의 유지 관리를 진행합니다.				●				●														
4	카와와 일체로 하는 것과 동 성이 있는 녹색 의 정비 를	아라카와 하천 부지에서 자연 환경의 보전이나 물가와 일체적인 경관을 아라 시에, 친수성을 배려한 공원 및 사이클링 로드나 산책로한 녹색의 정비 등의 연속 진행합니다.			●		●	●	●															
(1)-② 수변환경의 보전과 향상																								
5	도다가하라의 자연 재생	아야와·도단 그린 파크에 있어서, 재래 식물의 재배 등에 의한 「도다가 ★ · 하천」의 자연 환경의 보전과 재생을 진행시킵니다.								●							●					●	●	●
6	하천·수로의 환경을 배려한 정비의 추진	하천·수로에 있어서는 생물다양성이나 친수성을 배려하여 하천의 자연환경 및 수질의 향상을 목표로 한 호안 정비와 수질의 정화를 도모합니다.	★	·	·	·		·																
7	하천의 수질 관리	향후의 하천환경을 향상시키기 위한 기초자료가 되는 하천수질을 감시, 측정, 공표합니다.			●	●				●	●						●							
8	수도권 근교 녹지 보전 구역의 자연 환경의 유지·재생	수도권 근교 녹지 보전 구역에 지정된 구역의 자연 환경을 유지하기 위해 노력하고, 도다가하라 자연 재생 사업 등에 의해 자연 환경의 재생을 진행시킵니다.		●	●					●							●							
(1)-③ 기타 공공 시설의 녹색 품질 향상																								
9	학교 부지의 녹색 품질 향상	학교 부지 내 및 그 외주부에서 아동·학생 및 현지 주민과의 연계에 의한 적절한 유지관리를 추진합니다.			●				●	●											●	●	●	
의	가로수 ·식재대 10 질의 향상	녹색축의 질을 향상시킨 가로수·식재대의 적절한 유지관리를 추진합니다.			●		●			●	●													

※ 출처 : 사이타마현 도다시(埼玉県戸田市) “공원녹지기본계획”(2012년) p.38-39

8. 유지관리

1) 유지관리에 반영하는 내용

계획의 유지 및 관리하기 위한 지표를 정하고 적절하게 PDCA를 돌리는 체제를 검토하여 내용을 정리합니다. 지표를 검토할 때는 생물다양성의 특징을 고려하여 사업 시행에 대한 직접적인 목표가 도출할 수 있는 지표와 최종적인 성과에 관한 목표가 도출할 수 있는 지표를 검토하여 균형 있게 설정해야 합니다. 계획의 유지 및 관리체제는 「장소」, 「주체」, 「목표」를 명시하는 것이 중요합니다.

그리고 계획의 유지관리 기준이 되는 지표로서 제4장의 「도시 생물다양성 지표」의 평가 항목을 이용하는 것도 생각할 수 있습니다.

예를 들어, 다음과 같은 항목을 지표로 하여 점수를 개선할 수 있습니다.

- ✔ 법령을 근거하여 확보되는 녹지의 증가(지표2의 스코어의 개선)
- ✔ 생물다양성에 관한 조사의 시행 및 모니터링(지표 4의 스코어의 개선)
- ✔ 생물다양성 확보를 위한 대응 전략과 시민 참여(지표 7의 스코어의 개선)

도시 생물다양성 지표는 전국의 지방자치단체가 통일적으로 적용할 수 있도록 작성되어 있기 때문에 지역의 실정에 따라 적절히 고안하여 활용하는 것도 생각할 수 있습니다. 예를 들어, 도시 생물다양성 지표의 지표 3에서 쇠딱따구리 생태에 맞추어 생태네트워크의 기준(녹지 간의 거리와 녹지 면적)을 규정하고 있습니다만, 그 외 지역에서는 지역을 상징하는 생물종의 생태에 맞추어 생태네트워크의 거리나 면적을 규정하는 것도 가능합니다.

[표 1] 도시 생물다양성 지표 점수를 높이기 위한 지표 예시

지표	개요	도시의 생물다양성 지표의 지표 예시
지표 2	법령 등에 근거하여 확보되는 녹지	• 근교녹지보전구역 면적 • 시민녹지 면적 • 시민농원 면적
지표 3	도시 생태네트워크	• 15ha 이상의 일체가 된 삼림(森林)의 유무 • 연속(250m) 녹지의 존재
지표 4	동 · 식물 종 모니터링	• 생물조사의 지속적인 시행 유무 • 생물조사에서 대상 동 · 식물의 고정

지표	개요	도시의 생물다양성 지표의 지표 예시
지표 6	행정의 생물다양성 대응	• 생태네트워크를 형성하는 녹지와 수면 등의 보전 · 재생 · 창출에 관한 정책을 하나 이상 입안하고 있는가?
지표 7	행정계획에서 주민 등의 참가	• 주민의 의견을 계획에 반영하는 대응을 시행 • NPO, 기업 등의 다양한 주체와 연계하여, 녹지 등의 보전 · 재생 · 창출 및 관리를 시행하고 있음 • 생물다양성 정책의 점검 · 평가 결과를 계획 · 정책에 반영하고 있음 • 계획에 근거하여 생물다양성에 관한 홍보 · 보급 활동을 시행

2) 계획의 유지관리에 반영하는 방법

• 유지관리의 기준이 되는 지표 선정

공원녹지 기본계획에서는 정책 체계에 따라서 유지관리를 시행합니다. 유지관리 지표 속에서 생물다양성에 관한 지표를 통합해 봅시다.

point

- 단기적으로 성과가 나올 것 같은 지표와 성과가 나오기까지 시간이 걸리는 지표를 조합합니다. (도쿄도 메구로구(東京都目黒区) 사례 참조).
- 「도시 생물다양성 지표」의 점수를 참고하면 구체적인 지표를 알 수 있습니다.

• 유지관리 체계의 검토

유지관리의 「장소」과 「주체」를 명확하게 하고, 계획의 전개와 관리체계를 검토합니다. 그리고 그 결과를 공표하도록 합니다.

point

- 유지관리의 「장소」과 「주체」를 명시합니다. 그리고 결과를 발표합니다. (기후현 오가키시(岐阜県大垣市) 사례 참조)
- 생물다양성 보전에 관한 정책은 담당하는 조직뿐만 아니라 다방면의 조직체계에서 정책이 이루어질 수 있도록 노력합니다.
- 시민 단체, 연구기관, 전문가 등 다양한 주체가 참여할 수 있도록 고려합니다.
- 생물다양성의 유지관리 결과는 공개하도록 합니다.

【사례】 단기적으로 성과가 나오는 지표와 성과가 나오기까지 시간이 걸리는 지표를 조합한 예시

단기적으로 성과가 나오는 지표와 시간이 걸리는 결과 지표를 조합하여 유지관리의 지표로 하고 있습니다. 또한 명확한 수치 목표를 정하고 유지관리를 시행하고 있습니다.

■ 중점적 대처의 진행관리에 관련한 목표

성과가 나올 때까지 시간이 걸리는 결과 지표의 예

단기적으로 결과가 나오는 출력 지표의 예

도쿄도 메구로구의 녹지의 기본계획은 명확한 수치 목표를 정해 진행관리를 실시하고 있습니다.

추진 정책의 사업 목표	참고자료		
사업목표	사업목표	현재	목표
공원 등에 있어서의 재래종의 재배의 추진, 연간 확인 50종을 유지해 70종을 목표로 함, 민들레, 제비 등의 지표 재래 생물종의 분포율 50%	쾌적한 주거 환경이기 때문에 라고 생각하는 사람들의 비율	21.9%	25.0%
PR에 충실			
생물다양성 보전림 지정 10건			
녹지의 거리 조성(옥상벽면) 10,000㎡			
녹지의 거리 조성(접도부) 2,800m			
계획의 인증 177,050㎡			
녹지의 거리 조성(접도부) 2,800m	활기찬 도시라고 생각하는 사람들의 비율	-	70.0%
관광자원이 되는 녹지, 공원 등의 정보를 수집하여 PR를 실시합니다. (참고지표) 고마바 공원 화관 방문 연간 50,000명			
어린이를 대상으로 한 자연체 교실 개최. 공원 등의 개량 사업 30개소			
공원 등에 있어서의 건강기구의 설치에 맞춘 건강 코스의 설정. 건강기구의 활용 프로그램 실시. 공원 등의 시설의 베리어 프리화 실시한 30개소의 공원			
공원활동 제안제도 창설을 위한 과제정리 검토			
사찰림·사유림의 보급 개발. 보존 수림 지정 추진 30건			
벚나무 재생 계획의 수립 및 계획에 기초한 벚나무 보호, 재배치.			
생산 녹지의 보전책의 검토			
공원 등의 개량 30개소, 공원 등의 정비 약 3.6ha			
제도 설계 검토			
활동 등의 정보를 발신하는 뉴스레터의 종류의 충실과 SNS등의 새로운 정보 발신 방법의 활용	녹지의 활동에 종사하는 사람들(공원 활동 단체, 그린클럽 자연 통신원 등)	約2,600人	4,000人
이키모노스미 회의 개최 연 1회 활동소개의 패널전 개최 연 1회, 강습회 등의 기회를 활용한 단체간의 교류회 개최 연 20회 참가, 단체의 활동 정보지의 발행			
그린 클럽 등 공원 등에서 활동하는 등록 단체 120개			
동일			
기존 사업이나 공원 등의 관리업무에 사업자 등이 참가하는 구조의 검토			
수명화 계획의 수정(2018년), 공원시설 갱신			

※ 출처 : 도쿄도 타마시(東京都多摩市) "공원녹지기본계획"(2016년) p.77

【사례】 도시에서 친숙하고 귀중한 생물을 목표종으로 하는 예시

홋카이도 에니와시(北海道江西市) 「공원녹지 기본계획」에서는 시민에게 있어서 친근하며, 도시에서 귀중한 생물로서「연어 · 송어」와 「청설모」 2종을 목표종으로 설정하고 있습니다.

(1) 생태네트워크 형성에 의한 생물다양성 확보

에니와시에서, 에니와시가 주최하는 「어린이 교실」, 시민 단체나 NPO 등이 실시하고 있는 자연관찰, 하천관리자가 주최하고 있는 환경 학습 등의 장소에서도 모니터링 할 수 있도록, 에니와시 시민에 있어서는 친밀한 존재이면서, 도시에 있어 귀중한 생물을 「지표종」, 「목표종」이라고 합니다.

구체적으로, 아래 2종을 목표종으로 설정합니다.

에니와시에서는 지역에 익숙하고 귀중한 생물인 연어 및 참송어와 청솔모를 지표종으로 정하고 있습니다.

생물다양성 확보를 위한 목표종

● 연어와 참송어

- 어천을 비롯해 시가지에서 산란을 볼 수 있는 어류 입니다.

어천에서 산란하는 연어

● 청설모

- 에니와공원이나 나카지마공원 등 시민이 일상적으로 이용하는 도시공원에서도 볼 수 있는 작은 동물입니다.
- 에니와공원의 인접지에 도시계획 도로인 에난카시와 도로가 정비되었을 때, 에니와 공원 본류로 흐르는 유칸보시 강의 하천 공간의 연속성을 고려한 작은 동물의 다리 「에코브릿지(생태통로)」가 정비되고 있습니다.

에니와공원 청설모

※ 출처 : 홋카이도 에니와시(北海道恵庭市) "공원녹지기본계획" (2012년) p.23

【사례】 유지관리의 장소와 주체를 명확하게 하고 있는 예시

사이타마현 도다시(埼玉県戸田市)는 도다시(戸田市) 행정 평가에 「공원녹지 기본계획」을 활용하고 있으며, 이러한 평가를 위해 유지관리의 「장소」와 「주체」를 명확히 하는 것과 동시에, 결과 공표를 시행하고 있습니다. 그리고 지식인과 시민 등으로 구성된 외부 평가위원회의 외부 평가를 시행하여 객관성과 투명성을 보장하고 있습니다.

2. 정책의 진행관리와 평가

도다시의 녹지의 장래상을 실현하기 위해서, 본 계획에서는 PLAN(계획), DO(실행), CHECK(평가), ACT(개선)의 PDCA의 사이클로 진행관리를 실시합니다.

또한, 정책이나 사업의 평가에 대해서는, 이미 보다 좋은 행정 서비스의 제공을 목표로 실시되고 있는 도다시 행정 평가에 있어서 시행하고 있는, 정책의 진행관리, 실적·성과 확인 나아가, 사무 사업의 진척 상황의 정기적인 점검 등을 활용해, CHECK(평가) 나 사업의 재검토 등을 실시합니다. 또한, 중점 정책에「물과 녹지의 네트워크 형성 프로젝트 행동계획」의 각 사업에 대해서도「사업의 실시 상황의 점검·평가」에 맞추어 점검·평가를 실시합니다.

또한, CHECK(평가)에 있어서는, 상위 계획에 있어 정기적인 사업의 진행관리나, 계획의 재검토에 맞춘 진척 평가 등의 결과를 정보 공유하면서, 녹지의 재검토에 맞춘 진척평가 등의 결과를 정보 공유하면서, 녹색의 기본계획의 CHECK(평가)를 실시하여 검토를 실시합니다.

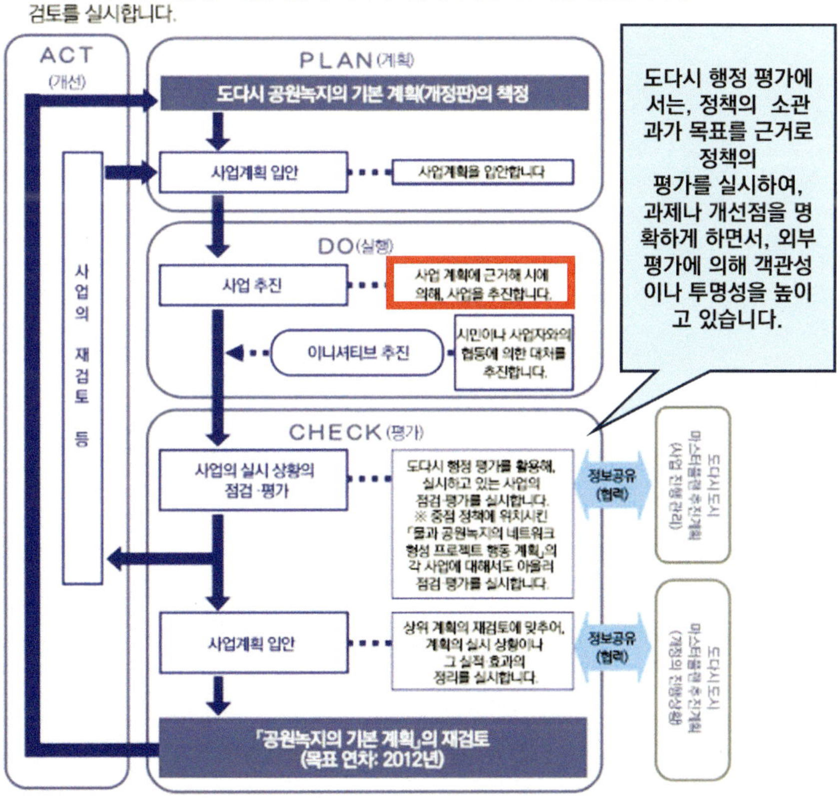

※ 출처 : 사이타마현 도다시(埼玉県戸田市) "공원녹지 기본계획"(2012년) p.85

생물다양성을 고려한 공원녹지 정책방향(일본편)

04
도시 생물다양성 지표 산정 방법

1. 도시 프로필
2. 생물다양성 지표 항목
3. 도시 생물다양성 지표
4. 생물다양성 결과 평가 및 활용

Ⅳ. 도시 생물다양성 지표 산정 방법

1. 도시 프로필

생물다양성 지표 산정에 이용할 수 있는 도시의 규모, 인구에 관한 기초정보, 도시의 자연적 조건 · 입지를 간단하게 나타내는 정보를 아래 표에 정리하였습니다(표 2). 그리고 지방자치단체 특성에 따라 필요로 하는 사항을 적절히 추가하여 도시 프로필을 작성하는 것이 바람직합니다.

[표 2] 도시 프로필

품목		단위
규모	행정구역 면적	㎢
	도시계획구역 면적	㎢
	시가화 구역 면적	㎢
인구	총 인구	인
	도시계획구역 내 인구	인
	인구밀도(행정구역)	인/㎢
	인구밀도(도시계획구역)	인/㎢
지세	연평균 기온	℃
	연간 강수량	㎜
	고도	m~m
그 외 각 지방자치단체가 필요로 하는 사항		

2. 생물다양성 지표 항목

지표 1부터 지표 7은 생물다양성 산정 방법을 이해하기 위해 각 지표의 정의, 산정 방법 등을 설명하고 있습니다. 그리고 산정에 있어서 지속적인 파악을 위해 사용한 데이터의 출처, 근거를 설명하는 것도 중요합니다.

1) 목적

도시 생물다양성 현황과 확보를 위한 대응 전략을 파악하기 위해서 해당 지표를 이용하는 의의와 목적을 표시하고 있습니다.

2) 정의

해당 지표의 정의를 나타내고 있습니다.

3) 산정 방법

해당 지표의 산정에 있어서 계산식 또는 점검 항목을 나타내고 있습니다.

4) 평가 기준

도시 생물다양성 현황과 확보를 위한 대응 전략에 대한 평가 기준을 나타내고 있습니다.

5) 주요 사용데이터

지표작성을 위해 사용하는 데이터는 「국토수치정보 와 토지이용 세분 메쉬 데이터」입니다(표 3). 이 데이터를 사용함으로써 GIS에 의한 분석이 가능하며, 각 지방자치단체에서는 독자적으로 복잡한 지표를 산출해야 하는 부담을 감소시킬 수 있으며, 동일한 데이터를 사용하여 생물다양성 지표를 계산하기 때문에 지방자치단체의 상호 비교가 가능합니다.

[표 3] 주요 사용데이터 「국토수치정보와 토지이용 세분 메쉬 데이터」

코드	종류	정의	지표				
			1	3	5-1	5-2	5-3
100	논	습전(湿田) · 마른논(乾田) · 수령논(沼田) · 연밭(蓮田) 또는 밭(田)으로 한다.	○				○
200	기타 농용지(農用地)	보리 · 밭벼(陸稲) · 야채 · 초지 · 잔디 · 사과 · 배 · 복숭아 · 포도 · 차 · 오동나무 · 닥나무(こうぞ) · 종려나무(しゅろ) 등을 재배하는 토지로 한다.	○				○
300	-	-					
400	-	-					
500	삼림(森林)	다년생 식물이 밀생하고 있는 지역으로 한다.	○	○	○	○	○
600	황무지(荒地)	황무지(荒地) · 절벽 · 바위 · 만년설 · 습지 · 채광지(採鉱地) 등에서 구(旧) 토지이용 데이터가 황무지인 곳으로 한다.	○				○
700	건물용지	주택지 · 시가지 등에서 건물이 밀집하고 있는 곳으로 한다.					
800	-	-					
900	-	-					
901	도로	도로 등에서 면적으로 포착되는 것으로 한다.					
902	철도	철도 · 조차장(操車場) 등에서 면적으로 파악할 수 있다.					
1000	기타 용지	운동경기장, 공항, 경마장 · 야구장 · 학교 · 항만지구 · 인공 조성지의 공지 등으로 한다.					
1100	하천 및 호소(湖沼)	인공호수 · 자연호수 · 연못 · 양어장 등에서 항상 물이 있는 장소와 하천 및 하천 구역의 하천 부지로 한다.	○				○
1200	-	-					
1300	-	-					
1400	해변	해안에 접하는 모래, 자갈, 바위가 있는 지역으로 한다.	○				○
1500	해수역	은현암(隠顕岩)와 갯벌도 바다에 포함한다.	○				○
1600	골프장	골프장의 골프 코스의 모이는 부분의 페어웨이와 러프의 외측과 숲을 경계로 한다.					

※ 출처 : GIS 홈페이지 http://nlftp.mlit.go.jp/ksj/gml/datalist/KsjTmplt-L03-b.html

3. 도시 생물다양성 지표

도시 생물다양성 지표 구성은 (표 4)와 같습니다.

[표 4] 도시 생물다양성 지표 구성

<table>
<tr><th colspan="2">지표 항목</th><th>개요</th><th>사용 데이터</th></tr>
<tr><td rowspan="3">생태계 · 서식지 다양성</td><td>지표1</td><td>녹지 등의 현황
(도시 생물다양성 확보의 잠재력을 가진 녹지 등의 비율)</td><td>• 국토수치정보</td></tr>
<tr><td>지표2</td><td>법령 등에 근거하여 확보되고 있는 녹지
(도시 생물다양성 확보의 잠재력을 갖는 법령 등에 근거한 연속성이 있는 녹지 등의 비율)</td><td>• 도시계획 기초 조사에 의한 법 적용 현황 조사</td></tr>
<tr><td>지표3</td><td>도시 생태네트워크</td><td>• 국토수치정보</td></tr>
<tr><td>생물종 모니터링</td><td>지표4</td><td>동 · 식물 종 모니터링
(도시에 서식 및 생육하는 동 · 식물 종수에 관한 모니터링)</td><td>• 설문 응답에 의한 자가 평가</td></tr>
<tr><td>생태계서비스</td><td>지표5</td><td>생태계서비스
① 지구온난화에 대한 대응
(도시 녹화 등 온실가스 흡수량)
② 녹지의 열섬현상 완화
(녹지 수관 피복 면적)
③ 도시 물순환
(녹지 등에 의한 투수 효과)</td><td>• 국토수치정보</td></tr>
<tr><td rowspan="2">도시의 대응</td><td>지표6</td><td>행정의 생물다양성 대응
(도시 행정계획에서 생물다양성 확보에 대한 대응)</td><td>• 설문 응답에 의한 자가 평가</td></tr>
<tr><td>지표7</td><td>행정계획에서 주민 등의 참가
(생물다양성 확보에 관한 도시 행정계획에 주민 · 기업 등의 참가 현황)</td><td>• 설문 응답에 의한 자가 평가</td></tr>
</table>

지표 1 녹지 등의 현황 (도시에서 생물다양성 확보의 잠재력을 갖는 녹지 등의 비율)

① 목적

도시에서의 동 · 식물 서식지 또는 생육지가 되는 잠재력을 가진 녹지 등의 양적인 현황을 나타낸다.

② 정의

동 · 식물의 서식지 또는 생육지가 되는 잠재력을 가진 녹지 등이 도시에서 차지하는 비율

※ 「동 · 식물의 서식지 또는 생육지로서의 잠재력을 갖는 녹지 등」이란 도시녹지법에서 녹지의 정의는 「수림지, 초지, 수변지, 암석지 등과 유사한 토지가 단독으로 또는 연속적으로 인접하고 있는 토지의 녹지와 함께 양호한 자연적 환경을 형성하고 있는 것」을 말하며, 생물다양성 국가전략에서 동 · 식물의 서식지 또는 생육지로 자리매김하고 있는 녹지 등을 나타내고 있습니다.

③ 산정 방법

도시에서 생물다양성 확보의 잠재력을 가지는 녹지 등의 녹피율과 수변의 총면적이 도시계획구역 면적에서 차지하는 비율을 이하의 계산식에 의해 산정한다.

【계산식】

지표 1 = (도시계획구역 내에서 생물다양성 확보의 잠재력을 가진 녹지 등의 녹피율과 수변의 총면적) ÷ 도시계획구역 면적 × 100

【유의 사항】

도시계획구역이 설정되어 있지 않는 경우는 행정 구역을 대상으로 산정한다.

【사용 데이터】

국토수치정보와 토지이용 세분 메쉬 데이터 중에서 토지이용 현황에서 「논」, 「기타 농용지(農用地)」, 「삼림(森林)」, 「황무지(荒地)」,「하천 및 호소(湖沼)」,「해변」,「해수역」의 면적은 상기 계산식에 있어서 「도시계획구역 내에 있어서 생물다양성 확보의 잠재력을 가지는 녹지 등의 녹피율과 수변의 총면적」으로 사용한다.

지표 2 법령 등에 근거하여 확보되고 있는 녹지

(도시에서 생물다양성 확보의 잠재력을 가진 법령에 근거한 연속성이 있는 녹지 등의 비율)

① 목적

도시에서 동 · 식물의 서식지 또는 생육지가 되는 잠재력을 갖는 연속성이 있는 녹지 등의 양적인 현황을 나타낸다.

② 정의

동 · 식물 서식지 또는 생육지가 되는 잠재력을 가지는 녹지 중에서 법령에 기초하여 확보되고 있는 생물다양성 확보의 잠재력을 가지는 녹지 등의 녹피율과 수변의 총면적이 도시계획구역 면적에서 차지하는 비율

※「법령 등에 근거해 확보되고 있는 녹지 등」이란 내용을 뜻한다.

- 법령 등(지방자치단체 조례 및 협정)에 근거하여 녹지가 보전되고 있는 구역이나 지구
- 법령 등(지방자치단체 조례 및 협정)에 근거하여 녹화를 추진하고 있는 구역이나 지구

③ 산정 방법

【계산식】

- 지표 2 = (도시계획구역 내에서 법령 등에 근거하여 확보된 생물다양성 확보의 잠재력을 가진 녹지 등의 녹피율과 수변의 총면적) ÷ 도시계획구역 면적 ×100

【유의 사항】

- 법령 등에 근거하여 확보된 도시 생물다양성 확보가 가능한 녹지 등의 구역 중복이 있는 경우가 상정(想定)되지만, 본 평가에서는 중복 부분을 처리하지 않고 그대로 면적 산출 · 평가에 이용한다.
- 도시계획구역이 설정되어 있지 않는 경우는 행정 구역을 대상으로 산정한다.

【사용 데이터】

- 도시계획 기초 조사에 있어서 법 적용 현황 조사
- 구체적으로는 (표 5)에서 제시한 도시계획구역 내에서 지정되는 구역 또는 지구 면적을 상기 계산식에 있어서「도시계획구역 내에서 법령 등에 근거하여 확보되고 있는 생물다양성 확보의 잠재력을 가지는 녹지 등의 녹피율과 수변의 총면적」으로 사용한다.

[표 5] 「법령 등에 근거하여 확보되고 있는 녹지 등」의 대상으로 하는 구역 및 지구

제도 등의 명칭(근거법)	제도 개요
역사적풍토보전구역 (古都保存法))	고도(古都)에서 역사적 풍토를 완만하게 보존하기 위해서 구역 내의 목재의 간벌, 건축 행위, 토지 형질 변경 등 일정한 행위를 신고·권고제로 한다.
역사적풍토특별보존지구 (古都保存法·明日香法)	고도(古都)에서 역사적 풍토를 현재 그대로 보존하기 위해서 지구 내의 목재의 간벌, 건축 행위, 토지 형질 변경 등 일정한 행위를 허가제로 한다. 또한, 아스카무라(明日香村) 구역은 제1종과 제2종으로 구분하여 각각의 허가 기준을 정하고 있다.
근교녹지보전구역 (首都圈·近畿圈近郊綠地保全法)	양호한 자연환경을 형성하는 녹지에 대해 목재의 간벌, 건축 행위, 토지 형질 변경 등 일정한 행위를 신고제로 하여 무질서한 시가지화를 방지한다.
근교녹지특별보전지구 (都圈·近畿圈近郊綠地保全法)	양호한 자연환경을 형성하는 녹지에 대해 목재의 간벌, 건축 행위, 토지 형질 변경 등 일정한 행위를 특별녹지보전지구에서 허가제로 하고, 녹지를 현재 그대로 보전하며, 풍부한 녹지를 계승한다.
특별녹지보전지구 (都市綠地法)	
풍치(風致)지구 (都市計画法)	양호한 자연경관을 형성하고 있는 구역 내의 토지이용 계획상 도시 환경 보전을 도모하기 위해 풍치의 유지가 필요한 구역에 대해서 지구 내의 목재의 간벌, 건축 행위, 토지 형질 변경 등 일정한 행위를 허가제로 한다.
시민녹지 (都市綠地法)	잡목림·저택림(屋敷林) 등의 녹지 소유자나 인공지반·건축물 등의 녹화를 시행하는 사업자와 지방자치단체가 계약을 맺고 녹지나 녹화시설을 지역 사람들에게 이용하기 위해 공개한다.
보존수목·보존수림 (樹木保存法)	도시계획구역에서 일정한 기준을 만족시키는 수목 또는 수목군락(수림지·산울타리)에 대해 지방자치단체장이 지정하고 보존을 도모한다.
녹지협정 (都市綠地法)	토지 소유자 등과 합의에 따라 지방자치단체와 녹지의 보전 및 녹화에 관한 협정을 체결하여 시가지의 양호한 환경을 확보한다.
시민농원 (市民農園促進法)	시민농원 정비를 원만하게 추진할 수 있도록 초지에 진행하여, 건강하고 여유 있는 사람들의 일상생활 확보를 도모한다.

지표 3 도시 생태네트워크

① 목적

도시에서 생태네트워크 형성을 보여줍니다.

② 정의

도시 동 · 식물의 서식지 또는 생육지로 이용 가능한 녹지 등에 의한 생태네트워크의 형성.

③ 산정 방법

생태네트워크 형성의 평가 지표로서 일본 전국에서 볼 수 있으며, 도시에서도 서식이 가능한 동 · 식물인 쇠딱따구리에 주목하였다. 따라서 쇠딱따구리 서식지 또는 생육지가 될 수 있으면서 연속적인 녹지 등으로 구성된 생태네트워크의 형성을 평가한다.

【계산식】

- 우선, 해당 지방자치단체에서 15ha 이상의 면적을 가지는 통합된 삼림(森林)의 분포 여부를 확인한다. 15ha 이상의 삼림(森林)이 존재하는 경우에는 생태계 네트워크 거점이 존재한다고 평가한다. 존재하지 않는 경우는 본 지표의 평가 대상에서 제외한다.
- 그 다음 GIS데이터에서 삼림(森林)으로 인식되는 구획(삼림(森林) 메쉬)을 대상으로 각 삼림(森林) 메쉬에서 반경 250m 이내의 삼림(森林) 메쉬를 연속적인 녹지로 간주하고, 다음 계산식에 의해 산정한다(계산에 따라 각 삼림(森林) 메쉬에 대해 125m 완충지대를 설정하고 완충지대가 중첩되는 메쉬는 250m 이내의 하나의 연속적인 녹지로 계산한다).

(다음 페이지 보충자료를 참조)

$$I3 = \frac{1}{A_{total}}(A\frac{2}{1} + A\frac{2}{2} + A\frac{2}{3} \cdots + A\frac{2}{n})$$

$$\text{지표 } 3 = I3 \quad / A_{total} \times 100$$

N : 도시에서 생물다양성 확보가 가능한 녹지 등의 총 개수

A_{total} : 상기 녹지 등의 총면적

A1~An : 상기 녹지 등의 각각의 면적

【유의 사항】

- 도시계획구역을 대상으로 산정한다. 그러나 도시계획구역이 설정되어 있지 않는 경우는 행정 구역을 대상으로 산정한다.
- 상기 계산은 상용 GIS 소프트웨어를 이용하여 수행할 수 있습니다.

【사용 데이터】

- 국토수치정보와 토지이용 세분 메쉬 데이터 중에서 토지이용 현황 「삼림(森林)」은 상기 계산식에서 녹지 등의 면적으로 사용된다.

<지표 3 : 보충자료>

① 토지이용 정보로부터 「토지이용 현황=삼림」을 추출　② 삼림(森林) 메쉬(녹색 부분)에 125m의 완충지대 생성

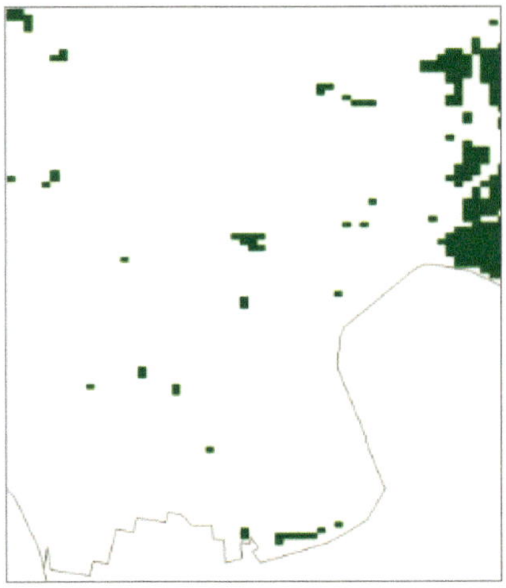

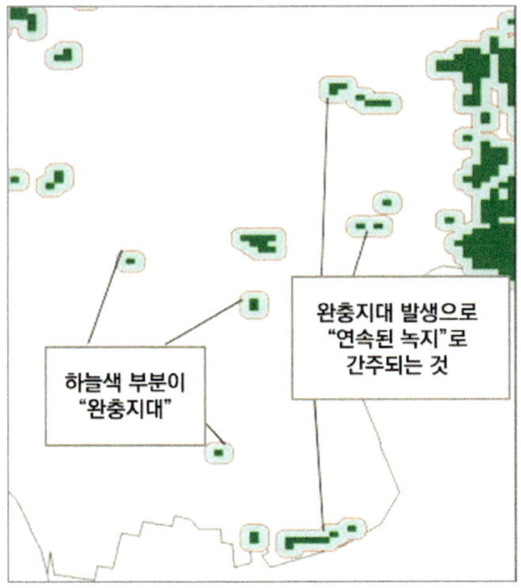

①, ②를 통해 추출 · 정리한 녹지의 면적을 계산식에 대입한다. 이 계산 이미지는 도식화 케이스를 사용하여 아래와 같이 표시한다.

③ 도시화 케이스를 이용한 계산 이미지

(멀리 있는 녹지는 개별적으로 제곱하며, 연속으로 간주되는 녹지는 합산하여 제곱)

■ 케이스A지표 값90.37 5　■ 케이스B지표 값90.5

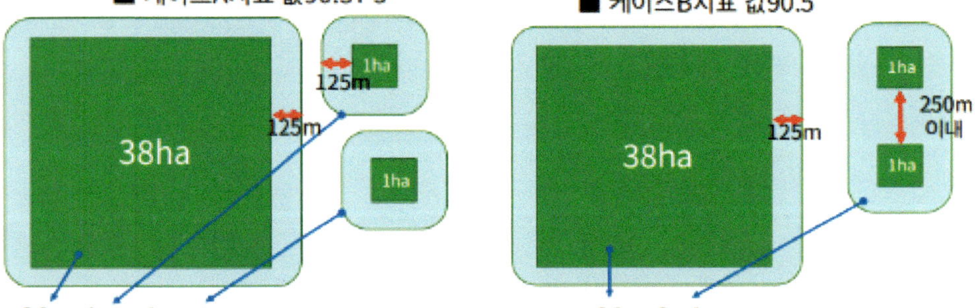

$$\frac{38^2+1^2+1^2}{40(\text{녹지 총 면적})}=36.15 \qquad \frac{38^2+2^2}{40(\text{녹지 총 면적})}=36.2$$

지표값＝36.15/40×100＝90.375　지표값=36.2/40×100=90.5

녹지의 총면적은 구성이 동일하더라도 입지 현황이 인접하며, "연속녹지"로 간주가 가능한지 여부에 따라 지표값에 차이가 발생한다.

※ 도식이기 때문에 각 녹지의 면적 비율은 정확하지 않다.

④ 연속하는 녹지로 보기 힘든 예시　⑤ 연속하는 녹지로 여겨지는 예시

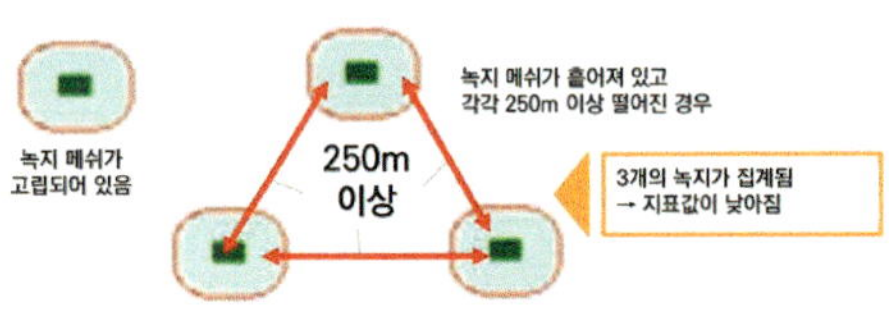

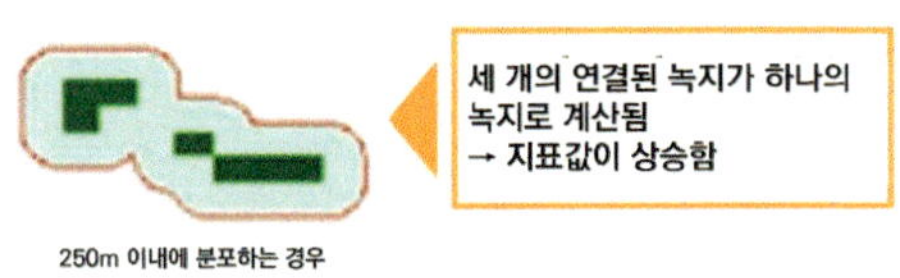

지표 4 동 · 식물 종 모니터링 (도시에 서식 · 생육하는 동 · 식물 종수에 관한 모니터링)

① 목적

도시의 종의 다양성에 대해 연간 변화를 평가할 수 있는 가능성을 보여준다.

② 정의

도시에 서식 · 생육하는 동 · 식물 종수의 연간 변화를 객관적으로 평가 가능한 조사 실행 현황

③ 산정 방법

【평가 항목】

지방자치단체의 생물조사 시행 내용은 아래 항목의 현황에 따라 평가한다.

- 생물조사 시행 실적
  Ⓐ 도시에 서식 · 생육하는 동 · 식물의 종수에 관한 조사 시행
- 생물조사 시행 빈도
  Ⓑ 상기 조사의 지속적인 시행 여부
  Ⓒ 정기적인 시행 여부
  Ⓓ 시행 빈도
- 조사 결과의 시점 간 비교 여부
  Ⓔ 조사 지점의 고정 조사구
  Ⓕ 대상 동 · 식물 종의 고정
  Ⓖ 관찰 · 계측 방법의 기록 보관

상기 항목의 시행 현황에 따라 5단계로 평가

평가	ⒷⒸⒺⒻⒻ의 시행 현황	Ⓓ 시행 빈도
A	모두 시행	매년 실시
B	모두 시행	매년 시행하지 않음
C	3개 또는 4개 시행	시행 빈도에 따라 C~E 사이 평가의 변경이 없음
D	1개 또는 2개 시행	
E	시행 없음	

※ Ⓐ의 「조사 시행」는 필수로 한다(시행하고 있지 않으면 E로 평가)

【유의 사항】

행정 구역을 대상으로 산정한다.

【사용 데이터】

상기 Ⓐ~Ⓖ의 시행 현황에 대해 각 지방자치단체가 별첨의 「자가 평가 설문지」를 바탕으로 자가 평가한 결과를 사용한다.

④ 도시 생물다양성 지표 자가 평가 설문지

도시 생물다양성 지표 중 [지표 4] 동 · 식물 종 모니터링에 관한 조사 시행 등을 평가한다.

(1) 도시에 서식 · 생육하는 동 · 식물의 종수에 관한 조사를 시행하고 있는가? (평가항목 「Ⓐ」에 해당)

[선택] ① 시행하고 있음 ② 시행하지 않음

→ 여기서 ②의 경우 모두 E로 평가한다

【(1)에서 ①을 선택한 경우에만 평가】

(2) 해당 조사는 지속적으로 시행하고 있는가? (평가항목 「Ⓑ」에 해당) [선택]

[선택] ① 10년 이상 시행 있음 ② 5년 이상 10년 미만의 시행 있음
③ 2년 이상 5년 미만의 시행 있음 ④ 1회만

→ ①~③을 「계속 시행」로 본다

(3) 해당 조사는 정기적으로 시행하고 있는가? (평가항목 「Ⓒ」 「Ⓓ」에 해당) [선택]

[선택] ① 매년 시행 ② 2년에 1회 ③ 3년 또는 4년 1회
④ 5년에 1회 ⑤ 5년 이상 2회 이상 정기적으로 시행 ⑥ 부정기에 시행

→ ①~⑤를 「정기적이니 시행」로 간주하고 평가 항목 「Ⓒ」을 만족한다고 판정

→ ①을 평가항목 「Ⓓ」에 있어서의 「매년 시행」이라고 본다

(4) 해당 조사의 조사 지역은 고정조사구가 설치되어 있는가? (평가항목 「Ⓔ」에 해당) [선택]

[선택] ① 5 지점 이상 고정 조사구 ② 3 지점 또는 4 지점 고정 조사구
③ 1 지점 또는 2 지점 고정 조사구 ④ 고정 조사구가 설치되지 않음

→ ①~③을 「조사 지점이 고정 조사구가 설치되어 있다」라고 본다

(5) 해당 조사 대상이 되고 있는 동 · 식물종은 고정되어 있는가? (평가항목 「Ⓕ」에 해당)

[선택] ① 5 분류군 이상 고정 ② 3 분류군 이상 고정
③ 1 분류군 이상 고정 ④ 고정하지 않음

→ ①~③을 「대상 동 · 식물종이 고정되어 있다」라고 본다.

(6) 해당 조사에 있어서 동 · 식물의 관찰, 계측 수법에 대한 기록과 함께 정리 · 보관되고 있는가? (평가항목 「Ⓖ」에 해당)

[선택] ① 정리 · 보관하고 있음 ② 정리 · 보관하지 않음

지표 5 생태계 서비스

① 목적

도시 생물다양성이 도시민에게 가져오는 생태계 서비스를 나타낸다.

② 정의

도시 생물다양성 확보와 동 · 식물의 서식지 또는 생육지의 보전 · 재생 · 창출에 의해 초래하는 생태계 서비스를 말한다. 대상으로 하는 생태계 서비스는 아래의 3개로 한다.

- 지구 온난화에의 대응(도시 녹화 등 온실가스 흡수량)
  - 기후 조정에 관한 생태계 서비스이며, 도시 녹화에 의한 온실가스 흡수량
- 녹지의 열섬현상 완화(녹지 수관 피복 면적)
  - 기후 조정에 관한 생태계 서비스이며, 수관 피복이 도시 육상구역 면적에서 차지하는 비율
- 도시 물순환(녹지 등에 의한 투수 효과)
  - 도시 물순환에 관한 생태계 서비스이며, 빗물이 투수할 수 있는 잠재력을 가진 토지의 면적이 도시 육상면적에서 차지하는 비율

상기 3개의 항목에 대하여 각각의 지표를 설정한다.

③ 산정 방법

지표 5-1 : 도시 녹화 등에 의한 온실가스 흡수량

- 대상으로 하는 도시의 삼림(森林)을 「온실가스를 흡수하는 수림지」라고 생각하며, 흡수되는 연간 CO_2를 계산한다.

지표5-2:녹지 수관 피복 면적

- 대상으로 하는 도시의 삼림(森林)을 수관 피복 면적으로 간주하고, 도시 육상구역 면적에서 차지하는 비율을 파악한다.

지표 5-3:녹지 등에 의한 투수 효과

- 대상으로 하는 도시의 녹지(「논」, 「기타 농용지(農用地)」, 「삼림(森林)」, 「황무지(荒地)」, 「하천 및 호소(湖沼)」,「해변」,「해수역」)을 빗물이 투수할 수 있는 잠재력을 가진 토지로 간주하고 다음의 계산식으로 산정한다.

【계산식】

- 지표 5-1=온실가스를 흡수하는 삼림(森林)의 면적(ha)×10.11(t-CO_2/ha • 년)
- 지표 5-2=수관 피복 면적÷ 도시계획구역 면적 ×100
- 지표 5-3= 투수할 수 있는 잠재력을 갖는 토지 면적 ÷ 도시계획구역 면적 ×100

【유의 사항】

- 행정구역을 대상으로 산정한다.

【사용 데이터】

- 국토수치정보와 토지이용 세분 메쉬 데이터 중에서 지표 5-1과 5-2는 토지이용 현황「삼림(森林)」의 면적을 상기 계산식에 있어서「온실가스를 흡수하는 수림지」 또는「수관 피복 면적」으로서 사용한다.
- 지표 5-3에서는, 토지이용 현황「논」,「기타 농용지(農用地)」,「삼림(森林)」,「황무지(荒地)」,「하천 및 호소(湖沼)」,「해변」,「해수역」의 총면적을 상기 계산식에서 투수할 수 있는 잠재력을 갖는 토지 면적으로 사용한다.

지표 6 행정의 생물다양성 대응 (도시의 행정계획(※)에서 생물다양성 확보에 대한 대응)

※ 공원녹지 기본계획, 생물다양성 지역전략, 환경 기본계획 등의 지방자치단체가 수립하는 계획

① 목적

도시 생물다양성 확보를 위한 대응을 추진하기 위해 계획 수립 및 시행 현황을 나타낸다.

② 정의

지방자치단체가 수립하는 녹지 보전, 녹화 추진, 생물다양성 확보, 자연환경 보전 등에 관한 계획에서 생물다양성 확보를 위한 대응 현황과 확보를 위한 정책의 시행 현황을 점검 · 평가

③ 산정 방법

【평가 항목】

(1)~(14)의 각 항목에 있어서, 해당되는 대응이 있으면「해당 항목」으로서 카운트하고, 14항목 중 해당 항목 수를 지표 값으로 설정한다.

- 현황 조사 및 분석 · 평가
  - (1) 녹지 수변 등의 동 · 식물의 분포 현황이나 서식 · 생육 현황 등에 관한 독자적인 조사를 시행하고 있는가?
  - (2) 생태계 보전이나 동 · 식물 종 등의 보호를 위한 법령의 규제 등 생태네트워크의 형성을 도모하기 위해 관련하는 계획 · 사업 등을 조사하고 있는가?
  - (3) 동 · 식물 서식지 또는 생육지가 되는 녹지 · 수면 등을 지형, 수계, 식생 등의 특성, 서식 · 생육하는 동 · 식물의 특성, 법령의 규제 등에 의한 녹지 보장성에 따라 생태네트워크 구성요소로 평가하고 있는가?
- 목표, 녹지의 배치 방침, 정책 입안
  - (4) 생물다양성 확보에 관한 목표를 설정하고 있는가.
  - (5) 생물다양성 확보를 위한 생태네트워크 형성 방침, 녹지 배치 방침을 설정하고 있는가.
  - (6) 생태네트워크를 형성하는 녹지 · 수변 등의 보전 · 재생 · 창출에 관한 정책(※1)을 한 개 이상 입안하고 있는가?

(8) 도시의 생물다양성 확보에 관한 상기 이외의 정책(※2)을 한 개 이상 입안하고 있는가?

(※1) 지방자치단체가 설치한 생물다양성 센터, 식물원, 동물원, 수족관, 박물관 등의 기관에 의한 대응도 포함

(※2) 생태계 등에 피해를 미치거나 미칠 우려가 있는 외래 생물의 방제 및 재래종의 보전 등

(9) 도시 생물다양성에 관한 다른 계획과의 정합성이 있는가.

- 계획의 시행 · 점검 · 평가

(10) 정책 시행에 필요한 예산을 확보하고 정책을 시행하고 있는가?

(11) 정책 시행 현황을 파악하고 있는가?

(12) 정책 효과를 파악하고, 점검 · 평가를 시행하고 있는가?

(13) 정책 시행 · 점검 · 평가에 있어서 지방자치단체 내의 부서 간의 연계를 도모하는 구조가 있는가?

(14) 정책의 점검 · 평가 결과를 계획 · 정책에 반영하고 있는가?

【유의 사항】

- 행정구역을 대상으로 산정한다.

【사용 데이터】

상기 (1)~(14)의 실시 상황에 대해서, 각 지방자치단체가 별첨의 「자가 평가」에 기초하여 자기 평가한 결과를 사용한다.

④ 도시 생물다양성 지표 자가 평가 설문지

도시의 생물다양성 지표 중 [지표 6] 행정의 생물다양성 대응으로 공원녹지 기본계획, 생물다양성 지역 전략 등에 대한 생물다양성 확보에 관한 정책 등을 평가한다.

(1) 녹지 · 수변 등의 분포 현황 또는 동 · 식물의 서식 · 생육 현황 등에 관한 조사를 독자적으로 시행하고 있는가?

① 시행하고 있음　　② 시행하지 않음

(2) 생태계 보전이나 동 · 식물 종 등의 보호를 위한 법령의 규제 등 생태네트워크의 형성을 도모하기 위해 관련하는 계획 · 사업 등을 조사하고 있는가?

① 시행하고 있음　　② 시행하지 않음

(3) 동 · 식물의 서식지 또는 생육지가 되는 녹지 · 수면 등을 지형, 수계, 식생 등의 특성, 서식 · 생육하는 동 · 식물의 특성, 법령의 규제 등에 의한 녹지 보장성에 따라 생태네트워크 구성 요소로 평가하고 있는가?

① 시행하고 있음　　② 시행하지 않음

(4) 생물다양성 확보에 관한 목표를 설정하고 있는가?

① 시행하고 있음　　② 시행하지 않음

(5) 생물다양성 확보를 위한 생태네트워크 형성 정책, 녹지 배치 정책을 시행하고 있는가?

① 시행하고 있음	② 시행하지 않음

(6) 생태네트워크를 형성하는 녹지 · 수면 등의 보전 · 재생 · 창출에 관한 정책(*1)을 1개 이상 배치하고 있는가? (*1 지방자치단체가 설치한 생물다양성센터, 식물원, 동물원, 수족관, 박물관 등의 기관에 의한 대응도 포함한다.)

① 시행하고 있음	② 시행하지 않음

(7) 생태네트워크를 형성하는 녹지 · 수면 등의 관리 · 활용에 관한 정책(*1)을 1개 이상 입안하고 있는가? (*1 지방자치단체가 설치한 생물다양성 센터, 식물원, 동물원, 수족관, 박물관 등의 기관에 의한 대응도 포함한다.)

① 시행하고 있음	② 시행하지 않음

(8) 도시의 생물다양성 확보에 관한 아래의 정책(*2)을 1개 이상 입안하고 있는가?

*2 생태계 등에 피해를 미치거나 미칠 우려가 있는 외래 생물의 방제나 재래종의 보전 등

① 시행하고 있음	② 시행하지 않음

(9) 도시의 생물다양성에 관한 다른 계획과의 정합성이 있는가?

① 시행하고 있음	② 시행하지 않음

(10) 정책 시행에 필요한 예산을 확보하고 정책을 시행하고 있는가?

① 시행하고 있음	② 시행하지 않음

(11) 정책 시행 현황을 파악하고 있는가?

① 시행하고 있음	② 시행하지 않음

(12) 정책 효과를 파악하고, 점검 · 평가를 시행하고 있는가?

① 시행하고 있음	② 시행하지 않음

(13) 정책 시행 · 점검 · 평가에 있어서 다른 부서와의 사이에서 연계를 도모하는 구조가 있는가?

① 시행하고 있음	② 시행하지 않음

(14) 정책의 점검 · 평가 결과를 계획 · 정책에 반영하고 있는가?

① 시행하고 있음	② 시행하지 않음

※ (1)~(14)에 있어서 ①을 선택한 수를 지표 6의 지표 값으로 한다.

지표 7 행정계획에 주민 등의 참가
(생물다양성 확보에 관한 도시 행정계획에 주민 · 기업 등의 참가 현황)

① 목적

도시 생물다양성 확보를 위한 대응으로 주민 · 기업 등의 참가 현황을 나타낸다.

② 정의

도시 생물다양성 확보를 위한 대응에 대한 계획의 수립, 공표, 실시, 점검, 평가의 각 단계에 있어서 주민 · 기업 등의 참가 현황

③ 산정 방법

【평가 항목】

(1)~(8)의 각 항목에 있어서 해당하는 대응이 있으면 「해당 항목」으로서 집계하고, 8개의 항목 중에서 해당 항목 수를 지표값으로 한다.

- 계획의 수립 및 공표
  - (1) 주민 등의 의견을 계획에 반영하는 대응(※1)을 시행하고 있다.
    (※1) 공청회, 설명회, 설문 등의 의견 수렴과 전문가 · 지역 주민 등을 포함한 위원회의 설치 등
  - (2) 주민 등이 계획의 공표 등, 홍보 · 보급 활동을 시행하고 있다.
- 계획의 실시 · 점검 · 평가
  - (3) NPO, 주민, 기업 사업자, 전문가 등의 다양한 주체와 연계한 계획을 바탕으로 동 · 식물 서식 또는 생육지가 되는 녹지 등의 보전 · 재생 · 창출을 시행하고 있다.
  - (4) NPO, 주민, 기업 사업자, 전문가 등의 다양한 주체와 연계를 통한 계획을 바탕으로 생태계 등에 피해를 미치거나 미칠 수 있는 외래 생물의 방제나 재래종 보전 등에 관한 대응을 시행하고 있다.
  - (5) 계획에 따라 생물다양성을 배려한 녹화 방법 등을 주민에게 정보를 공유하고, 생물다양성에 관한 의식 전환을 위한 정책을 시행하고 있다.
  - (6) 계획에 따라 생물다양성에 관한 환경 교육을 시행하고 있다.
  - (7) NPO, 주민, 기업 사업자, 전문가 등의 다양한 주체와 연계하여 지속적으로 정책 시행 현황을 파악하고, 정책 효과의 점검 · 평가(※2)를 하고 있다.
    (※2) 생물조사 등의 생물종 모니터링 포함
  - (8) 주민 등과 협동하여 생물다양성 정책 시행에 대한 점검 · 평가 결과를 계획 · 정책에 반영하고 있다.

【유의 사항】

- 지표6 「행정의 생물다양성 대응(도시의 행정계획에서 생물다양성 확보에 대한 대응)」의 산정에 있어서 생물다양성 확보에 대한 대응이 포함 되어있는 경우에 산정을 시행하는 것으로 한다.
- 행정구역을 대상으로 산정한다.

【사용 데이터】

- 상기 (1)~(8)의 시행 현황은 각 지방자치단체가 「도시 생물다양성 지표 자가 평가 설문지」를 바탕으로 자기 평가한 결과를 사용한다.

④ 도시 생물다양성 지표 자가 평가 설문지

도시 생물다양성 지표 중 [지표 7] 행정계획에의 주민 등의 참가 현황으로서, 공원녹지 기본계획, 생물다양성 지역 전략 등의 계획에 있어서 주민・기업 등의 참가 현황을 평가한다.

(1) **주민 등의 의견을 계획에 반영하는 대응(*1)를 시행하고 있는가?**
(*1 : 공청회, 설명회, 설문 등의 의견 수렴과 전문가・지역 주민 등을 포함한 위원회의 설치 등)

① 시행하고 있음　　② 시행하지 않음

(2) **주민에게 계획의 공표 등, 홍보・보급 활동을 시행하고 있는가?**

① 시행하고 있음　　② 시행하지 않음

(3) **NPO, 주민, 기업 사업자, 전문가 등의 다양한 주체와 연계하여 계획을 바탕으로 동・식물 서식 또는 생육지가 되는 녹지 등의 보전・재생・창출을 시행하고 있는가?**

① 시행하고 있음　　② 시행하지 않음

(4) **NPO, 주민, 기업 사업자, 전문가 등의 다양한 주체와 연계를 통하여 계획을 바탕으로 생태계 등에 피해를 미치거나 미칠 수 있는 외래 생물의 방제나 재래종 보전 등에 관한 대응을 시행하고 있는가?**

① 시행하고 있음　　② 시행하지 않음

(5) **계획에 따라 생물다양성을 배려한 녹화 방법 등을 주민에게 정보를 공유하고, 생물다양성에 관한 의식 전환을 위한 정책을 시행하고 있는가?**

① 시행하고 있음　　② 시행하지 않음

(6) **계획에 따라 생물다양성에 관한 환경 교육을 시행하고 있는가?**

① 시행하고 있음　　② 시행하지 않음

(7) **NPO, 주민, 기업 사업자, 전문가 등의 다양한 주체와 연계하여 지속적으로 정책 시행 현황을 파악하고, 정책 효과의 점검・평가(*2)를 시행하고 있는가?**
(*2 : 생물 조사 등의 종의 모니터링도 포함한다.)

① 시행하고 있음　　② 시행하지 않음

(8) **주민 등과 협동하여 생물다양성 정책 시행에 대한 점검・평가 결과를 계획・정책에 반영하고 있는가?**

① 반영하고 있음　　② 반영하지 않음

※ (1)~(8)에서 ①을 선택한 수를 지표 7의 지표값으로 한다.

4. 생물다양성 결과 평과 및 활용

1) 생물다양성 산정 결과의 정리

다음의 방식을 이용하여 각 지표의 산정 결과를 정리합니다. 산정 결과에 대해서는 아래와 같은 양식을 작성하여, 도시 생물다양성의 지속적인 파악을 위해 사용한 데이터 출처, 산정 과정을 기록으로 정리할 필요가 있습니다.

[표 6] 정리 양식 ① : 산정 결과 및 평가 결과

지표	계산 결과	평가 결과	비고
지표 1 녹지 등의 현황 (도시의 생물다양성 확보 잠재력을 가지는 녹지 등의 비율)			
지표 2 법령 등에 따라 확보된 녹지 (도시의 생물다양성 확보의 잠재력을 가진 녹지 등의 비율)			
지표 3 도시 생태네트워크			
지표 4 동 · 식물 종의 모니터링 (도시에 서식 생육하는 동 · 식물 종수)			
지표 5 생태계 서비스			
지표 6 행정의 생물다양성 대응 (도시 행정계획의 생물다양성 확보에 대한 대응)			
지표 7 행정계획에의 주민 등의 참가 현황 (생물다양성 확보에 관한 도시 행정계획에서의 주민 · 기업 등의 참가 현황)			

[표 7] 정리 양식 ② : 지표 5 생태계 서비스의 세부 내용

지표 5 생태계 서비스 세부 내용	시점 ①	시점 ②	비고
① 지구온난화에 대한 대응(도시 녹화 등에 의한 온실가스 흡수량)			
② 녹지의 열섬현상 완화(녹지 수관 피복 면적)			
③ 도시 물순환(녹지 등에 의한 투수 효과)			
④ 수질정화와 생태계의 부하(하천 등의 수질)			
⑤ 문화서비스 제공(지표 2에 근거하는 도시에서 생물다양성 확보 잠재력이 있는 녹지 등 1인당 면적)			
⑥ 녹지 이용(녹지 등의 연간 방문자 현황)			
⑦ 환경 교육 (학교 주최의 16세 미만의 어린이의 연간 방문 횟수)			
지방자치단체가 설정한 독자적인 지표			

2) 생물다양성 산정 결과의 평가

생태계 서식지의 다양성, 생태계 서비스, 생물다양성 확보를 위한 도시 활동과 노력 등의 지표를 각 카테고리마다 산정 결과를 고찰합니다. 이때, 레이더 차트 등을 활용해 시각적으로 구현하여, 각 카테고리의 산정 결과의 균형을 확인하여 종합적 평가를 고찰합니다.

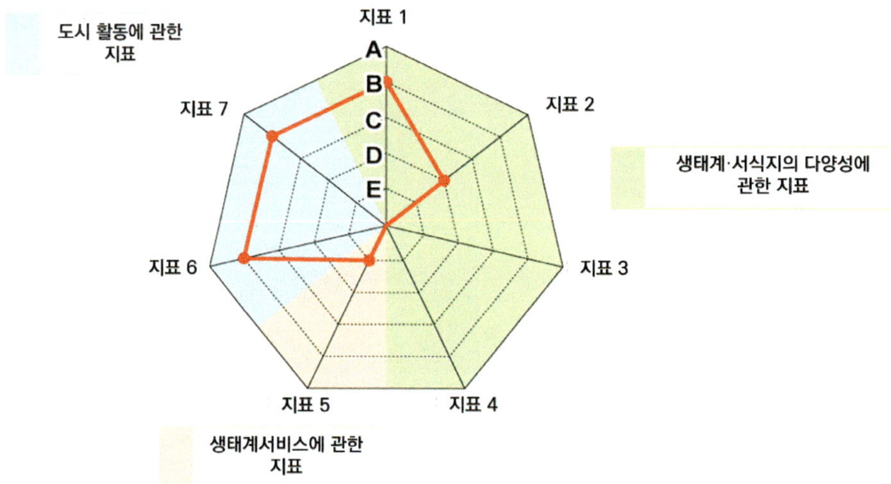

[그림 7] 레이더 차트 작성 예시

3) 생물다양성 산정 결과의 활용

도시 생물다양성 지표 산정을 도시 생물다양성의 확보 및 확보를 위한 활동을 함께 연결하여 지표를 지속적으로 산정하는 것과 동시에, 지방자치단체 행정 계획이나 정책에 반영하는 등 생물다양성 지표를 활용하는 것이 중요합니다.

① 지표의 지속적인 산정과 개선

지표의 산정 및 평가를 지속적으로 시행하는 것과 함께 산정에 필요한 데이터를 축적하여 누구나 산정 방법을 이용하도록 노력하는 것이 바람직합니다. 추가로 지방자치단체 특성을 고려하여 독자적인 지표를 마련하고 산정을 실시하는 것 또한 고민해야 합니다.

② 도시 생물다양성에 관한 행정 계획 · 정책 등에 반영

공원녹지 기본계획 등 도시 생물다양성에 관한 행정 계획에 있어서 목표 설정 등에 활용이 가능합니다.

생물다양성을 고려한 **공원녹지 정책방향**(일본편)

05 생물다양성 평가 인증 사례

1.자생생물등록제도(江戸のみどり登録緑地)

2. SEGES(Social and Environmental Green Evaluation System) 생물다양성 인증

Ⅴ. 생물다양성 평가 인증 사례

1. 자생식물 등록제도(江戸のみどり登録緑地)

1) 자생식물 등록제도의 배경

급속히 발전한 도쿄도에서 상실된 자연을 되살리기 위해 도쿄도(東京都)에 원래 분포하고 있던 자생 식물을 활용하여, 지역의 녹지를 연결하면서 생물 서식처를 되찾으려는 민간 녹지가 탄생하고 있습니다. 자생 식물을 적극적으로 식재하여 생물다양성 보전에 기여하고 있는 녹지를 도쿄도(東京都) 차원에서 등록 · 공표하는 제도입니다. 다양한 생물 서식 및 생육환경에 대한 배려가 뛰어난 녹지는 우량녹지로 구분하여 등록하며, 민간기업 건축물의 조경공간, 공개공지, 옥상 등에 비오톱을 조성하여 양적 확보보다 질적으로 생물다양성 네트워크 구축을 목표로 하고 있습니다.

[그림 8] 자생식물등록제도 등록 현황

2) 자생식물 등록제도 개요

- 대상녹지 : 1,000㎡ 이상의 부지를 가지는 민간 건축물 등의 부지 내 녹지(도시자연보호조례 제 14조 녹화 계획서 대상과 동일)

• 자생식물 등록제도 등록 요건

(1) 녹지면적이 100㎡ 이상일 것

(2) 자생식물 면적 비율 : 교목 40%, 중교목 및 관목 10%

(3) 자생 수목 종 수 : 교목 4종 이상, 중교목 및 관목 3종 이상

• 우량 녹지 선정 조건

(1) 화학약품을 이용한 제초제, 살충제 등의 사용량 저감

(2) 곤충류나 조류 등의 먹이 장소나 은신처 등의 확보

(3) 생물 서식 및 생육환경으로서의 목적을 가진 초지나 수공간 배치

(4) 각 호에 열거된 내용 외에 생물 서식 및 생육환경에 대한 배려

우량 녹지 인증 마크

일반 녹지 인증 마크

[그림 9] 자생식물 등록 마크

3) 자생식물 등록제도 사례

(1) 미쓰이 스미모토 해상 스루가다이 빌딩 및 스루가다이 신관(2017년 9월 등록)

「“생물”과 “마을과의 공생”」을 컨셉으로 항상 시대를 리드하는 녹지 조성을 목적으로 조성했습니다. 황궁과 시노하즈노이케(不忍池)의 중간에 위치한 스루가다이(駿河台) 빌딩이 양 거점을 왕래하는 야생 조류의 휴식 공간이 될 수 있도록 녹지 면적을 증가시킴과 동시에, 과거부터 출현한 조류 데이터를 기반으로 유치 목표종을 설정해 야생 조류가 좋아하는 자생종이나 나비 등을 유인하는 밀원 식물 등을 하나씩 선정하였습니다.

유지 관리도 농약을 살포하지 않고 병충해 발생 시에는 생물 농약으로 대처하고 있습니다. 또한 전문가에 의한 생물 모니터링과 토양진단을 실시하여 식재 및 유지 관리에 반영하고 있습니다. 알레르기 등의 인체에 영향을 배려한 수종 선정이나 관리를 시행하는 등 사람들의 왕래가 많은 도심 녹지로 역할을 모색하고 있습니다. 이러한 노력 끝에 곤줄박이, 콩새 등 이전에 보이지 않던 조류가 날아오고 있습니다.

신관 옆에 있는 ECOM 스루가다이(커뮤니케이션 공간)에서 항시 생물다양성에 관한 이벤트나 전시를 전개하는 등 인근 주민이나 초등학생, 방문자, 사원 등이 자연을 가까이 느낄 수 있는 기회를 제공하고 있습니다.

미쓰이 스미토모 해상 스루가다이 빌딩 및 스루가다이 신관 (三井住友海上駿河台ビルおよび駿河台新館)				
위 치	千代田区神田駿河台 3 - 9、3-11-1			優良緑地 EDO-MIDORI
조 성 면 적	17,387㎡	녹 지 면 적	5,412㎡	
자생종의 종수	교목 : 31종 / 아교목 및 관목 : 54종			
자생종 면적 비율	교목 : 55% / 아교목 및 관목 : 48%			

옥상정원 전경

옥상텃밭 체험

[그림 10] 스루가다이 빌딩

(2) 비오가든 「후지쿠라 키바 천년의 숲」(2017년 9월 등록)

「에도 후카가와의 원풍경(江戸深川の原風景)」을 재현하는 것을 목표로 만들어진 비오가든은 야생동물을 우선적으로 생각한 비오톱 구역과 이용자가 편안하게 즐길 수 있는 가든 구역으로 구성되어 있습니다. 2개의 연못과 시냇물을 중심으로 한 녹지에는 후박나무, 구실잣밤나무, 졸참나무, 가시나무 등 70종에 달하는 자생수목 외에 수초를 포함한 많은 초본이 식재되어 풍부한 숲이 재현되어 있습니다.

녹지관리에 있어서는 제초제나 살충제를 최대한 사용하지 않고 수작업을 기본으로 실시하는 등 생물을 배려하고 있으며, 연못이나 시냇물에는 피라미, 송사리, 미꾸라지가 생육하며, 숲에는 잠자리와 나비 등의 다양한 곤충이 서식하고 있습니다. 물총새, 직박구리, 흰뺨검둥오리 등 다양한 새가 날아와 둥지를 트는 등 다양한 생물 서식지가 되었습니다.

인근 초등학교 학생과 주민을 대상으로 생물 관찰회를 개최하는 등 비오가든 「후지쿠라 키바 천년의 숲(フジクラ 木場千年の森)」은 지역주민과 자연을 연결하는 공간이 되었습니다.

비오가든 「후지쿠라키바 천년의 숲」(ビオガーデン「フジクラ 木場千年の森」)				
위 치	江東区木場 1-2・15			優良緑地 EDO-MIDORI
조 성 면 적	6,999㎡	녹 지 면 적	2,123 ㎡	
자생종의 종수	교목 : 28종 / 아교목 및 관목 : 42종			
자생종 면적 비율	교목 : 86% / 아교목 및 관목 : 88%			

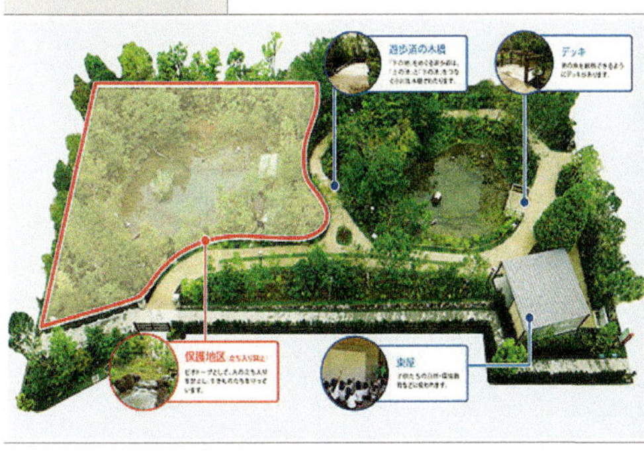

후지카라키바 천년의 숲 전경

생물 관찰회 진행

[그림 11] 비오가든 「후지쿠라 키바 천년의 숲」

(3) 아크힐즈 센고쿠야마 모리타워 (2017년 9월 등록)

고저차가 있는 지형이나 표토를 살리면서 지역 본래의 식생을 바탕으로 구실잣밤나무, 종가시나무, 야생 동백나무, 때죽나무 등의 다양한 재래종 식물을 다층구조로 식재하여 과거의 지역 자연의 고유 경관을 창출하였습니다.

「쇠딱따구리 정원(こげらの庭)」이라고 불리는 구역에는 생명을 배려하여 340㎡의 수변과 초지를 조성했으며, 부지 전체가 곤충이나 새 등의 생물 서식처가 될 수 있도록 조성했습니다. 40그루 이상의 죽은 나무와 돌을 쌓아 흙을 고정하며, 낙엽 둥지를 설치하는 등 다양한 시도가 이루어지고 있습니다. 이러한 노력의 결과, 2013년 도심지에서 출몰이 드문 쇠딱따구리가 날아온 것을 비롯하여, 2016년 조사에서는 14종의 새와 10종의 나비가 관찰되는 등 많은 생물이 확인되었습니다.

풍부한 생태계가 자라는 녹지는 환경교육의 장소로도 활용되고 있습니다. 그 예로 2013년 봄부터 지역 아이들과 그 보호자를 대상으로 「힐즈 거리 성장 프로젝트(ヒルズ街育プロジェクト)」등의 장소로 활용하고 있으며, 도심에서 식물 · 곤충 · 새와 만날 수 있는 귀중한 기회를 제공하고 있습니다.

아크힐즈 센고쿠야마 모리타워 (アークヒルズ 仙石山森タワー)				
위치	港区六本木 1-9-10			優良緑地 EDO-MIDORI
조성면적	15,881㎡	녹지면적	3,944 ㎡	
자생종의 종수	교목 : 13종 / 아교목 및 관목 : 23종			
자생종 면적 비율	교목 : 91% / 아교목 및 관목 : 70%			

아크힐즈 센고쿠야마 모리타워 전경

쇠딱다구리 정원

[그림 12] 아크힐즈 센고쿠야마 모리타워

(4) 히비야 파크 프론트 (2017년 12월 등록)

히비야 공원에 인접한 입지 특성을 살려 풍부한 공원녹지에 둘러쌓인「공원 속의 오피스」를 컨셉으로 오피스 환경 어느 곳에도 녹지를 만날 수 있는 기회를 마련하고 있습니다. 특히 1층의 가든 프론트에는 100종이 넘는 수목 및 초본을 식재하여 시설 이용자나 방문자가 다양한 식재를 즐길 수 있도록 충분한 휴식 공간을 형성하고 있습니다.

치요다구(千代田区)의 생물다양성 지역 전략을 근거로 주변 녹지 공간과 어울러질 수 있도록 녹음이 풍부한 환경을 창조하며, 연속적인 녹지를 확충하여 지역 전체의 생물다양성 향상에 공헌하는 것을 목표로 했습니다.

살충제의 정기살포나 전면 살포는 시행하지 않고, 최대한 포살이나 전정에 의한 병충해 방제를 시행하는 등 유지관리에서도 생물다양성을 고려한 대응을 하고 있습니다.

또한 도큐 부동산 홀딩스 그룹(東急不動産ホールディングスグループ)의 대응 전략인「녹지를 연결하다(緑をつなぐ)」프로젝트 보전 산림으로부터 산출(産出)된 간벌 목재를 활용하여 가든 프론트의 식재를 소개하는 안내판을 만들어, 산림 보전 및 목재 활용을 통한 순환형 사이클 형성을 추진하고 있습니다.

히비야파크 프론트 (日比谷パークフロント)				
위 치	千代田区内幸町 2-1-6			優良緑地 EDO-MIDORI
조 성 면 적	6,090㎡	녹 지 면 적	1,869 ㎡	
자생종의 종수	교목 : 14종 / 아교목 및 관목 : 11종			
자생종 면적 비율	교목 : 40% / 아교목 및 관목 : 17%			

북측 입구

간벌재를 이용한 안내판

[그림 13] 히비야파크 프론트

(5) 이노빌딩 (2018년 3월 등록)

이노(飯野)빌딩은 100년간 사용할 수 있는 것을 컨셉으로 한 최첨단 환경 친화적인 건물입니다. 이노빌딩 외부공간인 「이노의 숲(イイノの森)」에서는 도시 생물다양성 보전과 창출을 목표로 환경에 적합한 자생식물을 바탕으로 부지를 둘러싼, 숲 만들기를 추진했습니다.

식재 계획은 잠재 자연 식생을 참고하여 고쿄 히가시교엔(皇居東御苑)의 잡목림, 아타고야마 신사(愛宕山神社)의 신사림 및 사면림 등 인접한 녹지의 식생조사를 실시한 결과를 반영하여 계획을 수립하였습니다. 또한 주변 지역의 생물종(새 : 동박새, 쇠딱따구리, 물까치 등, 나비 : 호랑나비, 남방부전나비, 배추흰나비 등) 조사를 바탕으로 유치 목표종을 설정하여 식이식물(食餌植物)을 많이 식재하였습니다.

녹지의 유지 관리에서는 농약 사용을 최대한 배제하고 해충 발생시에만 생태계의 영향이 비교적 적은 약품에 한해서 사용하고 있습니다. 낙엽과 전정가지 일부를 녹지 내에 퇴적하여 곤충 서식처를 조성하는 등의 자연적인 방법을 고려하고 있습니다.

부지 내에서는 「꿀벌프로젝트」로서 일본 꿀벌 양봉도 시행하고 있습니다.

이노빌딩 (飯野ビルディング)

위 치	千代田区内幸町 2-1-1			優良緑地 EDO-MIDORI
조 성 면 적	8,027㎡	녹 지 면 적	1,594㎡	
자생종의 종수	교목 : 24종 / 아교목 및 관목 : 13종			
자생종 면적 비율	교목 : 73% / 아교목 및 관목 : 45%			

이노빌딩 전경

나비가 좋아하는 식재 구역

[그림 14] 이노빌딩

(6) 미사와 파크 도쿄 (2018년 4월 등록)

주택전시장 「미사와 파크 도쿄(ミサワパーク東京)」에서는 지역 식생과의 연속성이나 생물다양성을 고려한 외관 설계를 추진했습니다. 부지 내에서 실시한 환경조사 결과를 바탕으로 부지 내 이전부터 있던 큰 느티나무는 보존한 채, 재래종을 중심으로 조류의 식이식물(食餌植物)인 수종을 식재하였습니다.

또한, 빗물을 이용한 수변 정비와 새 둥지 상자를 설치하는 등 부지 전체에서 생물다양성을 증진하려는 노력이 진행되고 있습니다.

전문가를 통한 생물조사도 매년 시행하고 있으며, 녹지관리에 반영하고 있습니다. 공원 조성 4년 뒤, 이전과 비교하여 부지 내의 생물종 수가 대폭 증가한 것을 확인했으며, 부지 내뿐만 아니라 「다카이도의 귀중한 자원(高井戸の貴重な資源)」으로 지역 생태계에 공헌하여 지역 환경이 향상되었습니다.

전시장에서는 이러한 녹지에 대한 노력을 판넬로 정리하여 방문객에게 소개하는 등 자연환경과 생물다양성을 보전의 중요성을 전달하고 있습니다.

미사와 파크 도쿄 (ミサワパーク東京)

위 치	杉並区高井戸東 2-4-5			優良緑地 EDO-MIDORI
조 성 면 적	5,298㎡	녹지면적	1,159㎡	
자생종의 종수	교목 : 17종 / 아교목 및 관목 : 6종			
자생종 면적 비율	교목 : 75% / 아교목 및 관목 : 15%			

Green Infrastructure Model 외관

오목눈이 출현

[그림 15] 미사와 파크 도쿄

(7) 시부야 솔라스타 (2019년 3월 등록)

사람과 생물이 모이는 「모두의 거처(みんなの居場所)」를 컨셉으로 모두가 살기 좋은 환경 조성을 목표로 하고 있습니다. 녹화에 있어서는 근무 환경 개혁을 지지하기 위해 근무자 뿐만 아니라 방문하는 생물에게도 생활 및 서식하기 좋고 계절감을 느낄 수 있는 옥외환경정비를 시행했습니다.

지상부의 풍부한 녹지와 근무자가 이용하는 옥상정원을 연결하는 각 층에 설치된 발코니 녹화는 건축물 입구부터 옥상에 이르기까지 녹지의 연속성을 입체적으로 확보하여, 새와 나비가 상층까지 날아갈 수 있도록 녹지를 배치하고 있습니다.

또 주변 대규모 녹지지 「메이지신궁 숲(明治神宮の森)」과 이미 생태계를 배려하여 녹화를 진행한 「오모하라의 숲(おもはらの森)」의 생물조사 결과를 바탕으로 서식을 유도할 수 있는 새나 나비 등을 목표종으로 설정했습니다. 그리고 이러한 생물종이 좋아하는 식이식물(食餌植物)을 식재함으로써 생물 네트워크 형성을 목표로 하고 있습니다.

또한 녹지 내에 둥지를 설치하여 유치 목표종인 「박새」가 나타날 수 있도록 하며, 지속적으로 모니터링을 시행하고 있습니다. 모니터링 결과는 유지 관리의 재검토에 활용하여, 「생태계를 배려한 녹지」의 창출과 육성에 지속적으로 노력하고 있습니다.

시부야 솔라스타 (渋谷ソラスタ)				
위 치	東京都渋谷区道玄坂 1-21-1			優良緑地 EDO-MIDORI
조 성 면 적	4,128㎡	녹 지 면 적	928㎡	
자생종의 종수	교목 : 9종 / 아교목 및 관목 : 8종			
자생종 면적 비율	교목 : 47% / 아교목 및 관목 : 19%			

메인 입구

옥상정원

[그림 16] 시부야 솔라스타

(8) 오오하시 마을숲(오오하시 환기소 : 大橋換気所) (2019년 8월 등록)

오오하시 마을숲(おおはし里の杜)은 수도 고속도로 오오하시 환기소 옥상에 만들어진 자연공간입니다. 메구로강(目黒川) 주변 원풍경을 모델로 자생 식물을 선택하는 등 지역에 양질의 자연을 회복하는 것을 목표로 정비했습니다.

환기소 옥상의 특수한 형성(구배 약 28%의 경사면과 상방 · 하방의 평면부로 구성)을 쇼와(昭和) 초기 예전의 메구로강 하안단구(河岸段丘) 사면림과 목초지, 샘물과 시냇물, 연못, 논을 설치하여 다양한 생물의 서식 및 생육 공간을 재생하고 있습니다. 주변 요요기공원(代々木公園)과 고마바공원(駒場公園) 등의 대규모 녹지와 메구로강의 자연을 연결하는 새로운 거점의 생물 네트워크 형성을 목표로 하고 있습니다.

녹지의 유지 관리는 자연의 상태에 가까운 수형이나 초원을 유지하기 위해 과도한 풀베기는 시행하지 않고, 자생종 육성을 위해서 외래종을 구제(驅除)하는 등 생태계를 유지하기 위한 대응을 시행하고 있습니다.

이러한 노력의 결과, 약 300종 이상의 조류나 곤충류 등이 확인되었습니다. 생물 모니터링 결과는 앞으로 유지 관리에도 활용되고 있습니다. 벼농사 체험 이벤트나 일반 개방 이벤트를 통해 인근 초등학교 학생들의 환경 교육 장소로 활용되며, 지역 공생 활동을 위한 이용 장소로 제공하고 있습니다.

오오하시 마을숲(오오하시 환기소) (おおはし里の杜(大橋換気所))				
위 치	東京都目黒区大橋 1-9- 1			優良緑地 EDO-MIDORI
조 성 면 적	5,821㎡	녹 지 면 적	1,065㎡	
자생종의 종수	교목 : 16종 / 아교목 및 관목 : 18종			
자생종 면적 비율	교목 : 95% / 아교목 및 관목 : 46%			

오하시리노 숲

벼농사 체험 이벤트의 모내기 모습

[그림 17] 오하시리노 숲(오하시 환기소)

(9) 재생의 숲(시미즈 건설기술연구소) (2020년 10월 등록)

재생의 숲은 「도시 생태계 회복의 실증 현장」으로 시미즈 건설 주식회사 기술연구소(清水建設株式会社 技術研究所) 내에 만들어진 비오톱입니다. 상록수림, 낙엽수림, 초지, 습지, 수역이 에코톤(전이대)을 형성하여, 10년 이상에 걸쳐 다양한 생물의 서식 및 생육 공간을 형성하고 있습니다.

재생의 숲 중심에는 약 650㎡의 수변 공간이 있으며, 도쿄도(東京都)의 멸종위기종인 자라풀 등이 생육함과 동시에 오리류나 까치류 등의 물새가 자주 날아오고 있으며, 잠자리류(16종)도 확인되어 생태계 네트워크에 공헌하고 있습니다. 2006년 준공 이후 10년 이상 장기 모니터링을 시행하여 데이터를 축적하고 있습니다. 식물은 식재 당초 200종이었던 것이 10년 후에 296종으로 증대되었으며, 표토의 종자 등으로부터 많은 멸종위기식물이 출현하였습니다. 당초 3~4m의 수목이 10m이상의 높이가 되는 등 양호하게 성장하고 있습니다.

또한 기술연구소에서 실시하고 있는 공개강좌 「시미즈 오픈 아카데미」를 통해 연간 3,000명 이상이 방문하여 환경교육의 장으로 활용되고 있습니다. 도시에서 사람과 생물의 관계 재생을 목표로 생물다양성의 향상에 공헌하고 있습니다.

재생의 숲(시미즈 건설 기술 연구소) (再生の杜(清水建設技術研究所)			
위치	東京都江東区越中島三丁目4-17		
조성면적	21,135㎡	녹지면적	2,567㎡
자생종의 종수	교목 : 61종 / 아교목 및 관목 : 24종		
자생종 면적 비율	교목 : 78% / 아교목 및 관목 : 53%		

재생의 숲 비오톱

청소년 대상 환경교육

[그림 18] 재생의 숲(시미즈 건설기술연구소)

(10) 도쿄 포트 시티 다케시바 오피스 타워 (2020년 10월 등록)

도쿄 포트 시티 다케시바 오피스 타워(東京ポートシティ竹芝オフィスタワー)는 도쿄도 산업무역센터의 재개발로 탄생한 40층 규모의 대형 복합시설입니다. 해당 타워는 도쿄만(東京湾), 하마리큐 온시정원(浜離宮恩賜庭園), 구 시바리큐온시정원(旧芝離宮恩賜庭園) 부근에 위치하고 있습니다. 물과 녹지로 이루어진 주변 자연 공간과 하나가 되며, 녹지의 연속성을 확충하기 위해 저층부(2층부터 6층)에 마련된 스킵 테라스에 생물다양성을 고려한 녹지를 창출하였습니다.

스킵 테라스에서는 지역 생물다양성 향상을 목표로 「비, 물, 섬, 논, 채소밭, 벌, 하늘, 향」의 8개의 주제로 「다케시바 신 팔경(竹芝新八景)」을 전개하고 있습니다. 빗물을 지면에 침투시키는 레인 가든, 일본 벼농사 문화를 체험할 수 있는 논, 꽃가루를 운반하는 등 생태계에서 중요한 역할을 담당하는 꿀벌의 벌통 설치 등 도시의 생물다양성 보전 방법을 모색하고 있습니다.

다케시바 신 팔경(竹芝新八景)을 활용한 환경 교육과 자연 체험 활동을 거점으로 3층에는 다케시바 UBC(Urban Biodiversity Center)를 마련했습니다. 근무자나 방문자들의 생물다양성에 대한 인식변화와 이해의 향상을 도모하고 있습니다.

도쿄 포트시티 다케시바 오피스타워 (東京ポートシティ竹芝 オフィスタワー)				
위 치	東京都港区海岸一丁目 7-1			優良緑地 EDO-MIDORI
조 성 면 적	12,157㎡	녹 지 면 적	4,006㎡	
자생종의 종수	교목 : 14종 / 아교목 및 관목 : 11종			
자생종 면적 비율	교목 : 40% / 아교목 및 관목 : 22%			

주변의 녹지 연속성을 확충하는 스킵테라스

니지마의 황화석을 이용한 레인가든

[그림 19] 도쿄 포트 시티 다케시바 오피스 타워

(11) 구단회관 테라스 (2023년 2월 등록)

구단회관 테라스(九段会館テラス)는 녹지로 이루어진 황궁(皇居)에 인접하고 있는 특성을 살려, 주변 녹지 공간과 어울러진 풍부한 녹지 환경을 조성하여 녹지의 연속성을 목표로 하고 있습니다.

부지에는 수고 17m 정도의 녹나무와 수고 10m 정도의 왕벚나무(3그루)가 현존하고 있으며, 이 땅의 기억을 계승하는 귀중한 유산으로 보존되고 있습니다. 새로운 식재 수목은 자생식물과 「치요다구 생물다양성에 관한 기초조사(千代田区生物多様性に関する基礎調査)」를 바탕으로 생물다양성 지표가 되는 조류(직박구리, 박새, 동박새) · 나비류(청띠제비나비, 호랑나비, 검은호랑나비)의 목표종을 선정하여, 각각의 식이식물(食餌植物)을 도입하여 지역 전체의 생물다양성 향상에 공헌할 수 있는 식재 계획을 수립하였습니다.

또한, 유지 관리에 있어서도 화학약품을 최대한 사용하지 않는 병해충 방제 및 시비를 실시하는 등 생물에 최대한 화학적 영향을 미치지 않는 대처를 하고 있습니다.

구(旧) 구단회관의 5층 옥상에는, 3개의 테라스가 설치되어 휴식하는 사람들을 둘러싸도록 식재를 시행하였습니다. 구(旧) 구단회관의 옥상은 구조상 하중 조건을 고려하여 소교목과 관목으로 식재 계획을 진행하였으며, 눈높이에서 녹지가 연결되도록 식재하고 있습니다.

구단 회관 테라스 (九段会館テラス)

위 치	千代田区九段南一丁目 6 番 5 号			優良緑地 EDO-MIDORI
조 성 면 적	8,766㎡	녹 지 면 적	1,840㎡	
자생종의 종수	교목 : 12종 / 아교목 및 관목 : 18종			
자생종 면적 비율	교목 : 46% / 아교목 및 관목 : 36%			

구단회관 전경

재래종을 도입한 지상 녹지

[그림 20] 구단 회관 테라스

(12) 반초(番町) 파크 하우스 (2019년 10월 등록)

반초(番町) 파크 하우스는 풍부하게 성장한 수목이 남아 있는 개인 저택지에 건설된 맨션입니다. 수고가 15m를 넘는 자생종 수목을 최대한 살려, 부지 약 40%를 사용하여 정원을 조성하였습니다. 과거의 기억을 계승한 나무들이 공간을 감싸고 자연의 촉감과 온기를 느낄 수 있는 정원으로 자리매김하고 있습니다.

반초(番町) 파크 하우스 (番町パークハウス)				
一般緑地 EDO-MIDORI	위치	東京都千代田区四番町 8-6		
	조성면적	3,767㎡	녹지면적	965㎡
자생종의 종수	교목 : 17종 / 아교목 및 관목 : 4종			
자생종 면적 비율	교목 : 83% / 아교목 및 관목 : 26%			

[그림 21] 반초(番町) 파크 하우스

(13) 아크로스 플라자 히가시쿠루메(A구역) (2020년 3월 등록)

아크로스 플라자 히가시쿠루메(東久留米))는 구(旧) 히가시시쿠루메 단지(東久留米団地) 한쪽에 있는 상업시설입니다. 무사시노(武蔵野)의 모습을 남기는 주위의 녹지와 일체가 되도록 잡목림을 대표하는 수종인 느티나무, 졸참나무, 상수리나무 등을 식재하고 있습니다. 가시나무 녹음에서 사람들이 휴식하는 공간도 조성하고 있습니다.

아크로스 플라자 히가시쿠루메(A가구) (アクロスプラザ東久留米(A 街区))				
一般緑地 EDO-MIDORI	위치	東京都東久留米市上の原 1丁目 333 番 29 号		
	조성면적	2,975㎡	녹지면적	336㎡
자생종의 종수	교목 : 17종 / 아교목 및 관목 : 4종			
자생종 면적 비율	교목 : 92.2% / 아교목 및 관목 : 26%			

[그림 22] 아크로스 플라자 히가시쿠루메(A가구)

(14) TOKYO TORCH Park (2022년 3월 등록)

TOKYO TORCH Park는 도쿄의 현관으로 「일본을 밝고 건강하게 한다」를 컨셉으로 도쿄역(東京駅) 니혼바시(日本橋) 입구 앞에 펼쳐진 대규모 광장입니다. 니혼바시강(日本橋川)을 따라 있는 「친수공간」은 지금까지 효과적으로 활용되지 않았던 기존 수림대(느티나무)의 양질의 녹지 공간을 계승하여 풍부한 캐노피 공간 아래에서 사람들이 녹지를 누릴 수 있도록 조성한 휴식 공간입니다.

인접한 건물과 도키와바시 타워(常盤橋タワー) 저층부는 광장에 접한 벽면 녹화와 테라스 녹화를 시행한 테라스를 설치하고 있으며, 건물과 광장이 일체화 된 정옥일여(庭屋一如 : 건물과 정원을 주종관계로 보지 않는 것)를 구현한 공간을 창출했습니다. 테라스 앞의 광장 공간은 아이들을 위한 아트 놀이기구가 설치되어 있으며, 매주 개최하는 마르쉐 이벤트(TOKYO TORCH Market)와 계절을 느끼는 이벤트를 통해 활기찬 녹지 공간 속 광장으로 자리 잡는 것을 목표로 하고 있습니다.

TOKYO TORCH Park				
위치	東京都千代田区大手町二丁目、中央区八重洲一丁目			一般緑地 EDO-MIDORI
조성면적	5,456㎡	녹지면적	1,470㎡	
자생종의 종수	교목 : 4종 / 아교목 및 관목 : 11종			
자생종 면적 비율	교목 : 75% / 아교목 및 관목 : 27%			

기존 수림을 살린 수변공간 | 일본의 사계절을 즐길 수 있는 식재

[그림 23] TOKYO TORCH Park

4) 자생식물 등록제도의 가치

- 자생식물 등록제도를 통해 기업은 홍보자료나 자사 홈페이지에 환경을 위한 노력을 선전하고, 방문자나 투자자와의 대화에 있어서 생물다양성에 공헌하는 기업이며, 사회적 책임 가진 기업이란 광고효과를 기대할 수 있습니다.
- 이를 통해 기업을 방문하는 사람들에게 녹지 가치를 깨닫게하여 지속적인 녹지관리 운영으로 이어집니다.
- 자생식물 등록제를 통해 도쿄도(東京都)의 목표인 도시 생태네트워크 형성에 공헌할 수 있습니다. "공원녹지 거점"을 연결하는 역할만으로 도쿄도의(東京都)의 공원녹지 정책과 연계하여 도시의 생태네트워크를 형성할 수 있습니다.

기업내 녹지 가치 교육

방문객 대상 환경교육

야생 조류 생태학적 네트워크

[그림 24] 자생식물 등록제도의 의의

2. SEGES(Social and Environmental Green Evaluation System) 생물다양성 인증

1) 개요

녹지는 개별적으로 작은 요소가 모여 다기능적인 환경, 사회 및 경제적 효과를 제공합니다.

SEGES[2)]는 사회 · 환경에 공헌하는 녹지와 녹화 활동 및 생물다양성 대처에 대한 우수한 효과를 평가 및 인증하고 기업 녹지의 "가치 시각화"를 지원합니다.

[그림 25] 녹지의 환경적 가치

2) SEGES(Social and Environmental Green Evaluation System)는 기업 등에 의해 창출되는 양호한 녹지와 녹화 활동을 평가하여 사회 · 환경에 공헌하고 생물다양성에 기여하는 녹지를 인증하는 제도이다.

- **기존 기업 녹지 정비 및 관리 목표**

  ① 공장입지법 및 지방자치단체 조례 등의 법령을 준수하기 위해

  ② 환경보전, 방재, 방음 등의 사회적 · 공동체 대처

  ③ 사회에서 녹지 면적의 크기로만 평가됩니다.

  즉, 녹지의 질보다 양적 조성이 목적이며, 저비용으로 소극적 대응 및 관리가 이루어졌습니다.

- **기업 녹지의 과제**

  ① 기업 녹지의 장점과 개선사항 파악에 어려움이 있습니다.

  ② 기업 녹지의 대응이 올바른지 알 수 없습니다.

  ③ 사회가 요구하는 녹지 조성 및 녹화 효과와 가치를 인지하는데 어려움이 있습니다.

- **SEGES(Social and Environmental Green Evaluation System)란?**

  잘 정비된 녹지 공간을 인정하는 시스템으로 기업 등이 조성하는 양호한 녹지 및 녹화 활동, 생물다양성 확보에 대한 대응을 평가해 사회와 환경에 공헌하는 시스템입니다. 제3자 인증하는 SEGES는 이해 관계자의 신뢰, 공감 및 기대치를 개선할 수 있습니다.

- **SEGES(Social and Environmental Green Evaluation System) 도입 효과**

  ① 녹지의 기능과 효과를 표현할 수 있습니다.

  ② 녹지 대응 및 정책의 우수성과 개선점을 서로 비교하여 평가할 수 있습니다.

  ③ 녹지관리를 위한 합리적 투자와 지속가능한 관리가 가능합니다.

2) 작동 방식

(1) 평가 원칙

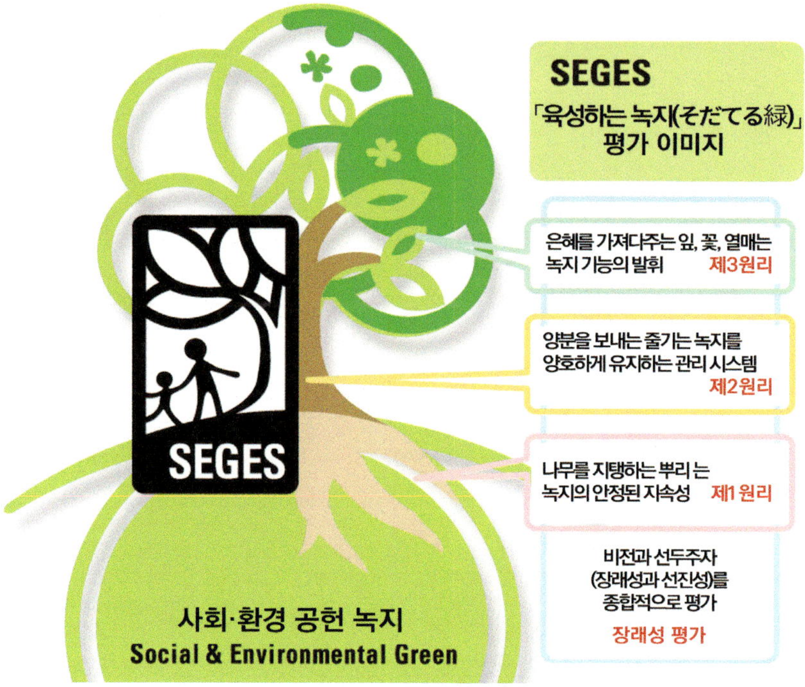

[그림 26] SEGES 평가 이미지

[표 8] SEGES 원칙

제1 원리	**토지 이용 영속성** 녹지가 존재하고 앞으로도 계속될 것이라는 확신	• 원칙 1 : 녹지 파악 • 원칙 2 : 토지 이용 측면에서 녹지의 안정성 원칙 • 원칙 3 : 녹지 관련 법규 준수
제2 원리	**녹지유지관리** 녹지가 만들어지는 과정과 육성하는 과정	• 원칙 4 : 녹지관리체계 구축 • 원칙 5 : 녹지에 의한 외부 세계와의 커뮤니케이션
제3 원리	**녹지기능 발휘** 녹지가 사회와 환경에 어떻게 기여하는가!	• 원칙 6 : 존재 기능 발휘 • 원칙 7 : 상호 연결 기능 발휘 • 원칙 8 : 이용 기능 발휘
장래성 평가	비전	• 사회와 환경에 공헌하는 녹지의 이상적인 형태에 대한 인식과 태도에 대한 평가
	선두 주자	• 녹지가 풍부한 사회만들기를 견인하는 대응 전략의 선전성과 독창성에 대한 종합적 평가

(2) 육성하는 녹지(そだてる緑) 인증 라벨, 유지 및 갱신

인증된 대상지에는 현재 상태에 따라 5개의 인증 라벨이 적용됩니다(그림 27). 신규 인증으로부터 2년간은 녹지 유지 상태를 확인하는 문서 보고서에 의해 유지 심사를 시행하고, 3년째는 신규인증때와 마찬가지로 현장 심사와 함께 갱신 심사를 시행합니다. 갱신 심사에서 인증 라벨 단계를 올릴 수 있는 기회가 있으며, "우수(Excellent) 3단계"를 3회 갱신하면 인증 라벨 최종단계인 "최상급(Superlative) 단계"를 받게 됩니다.

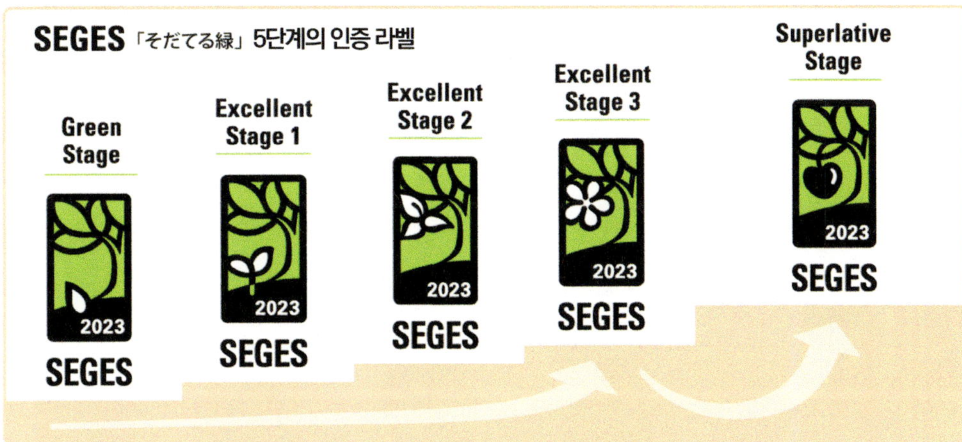

[그림 27] SEGES의 5단계 인증 라벨

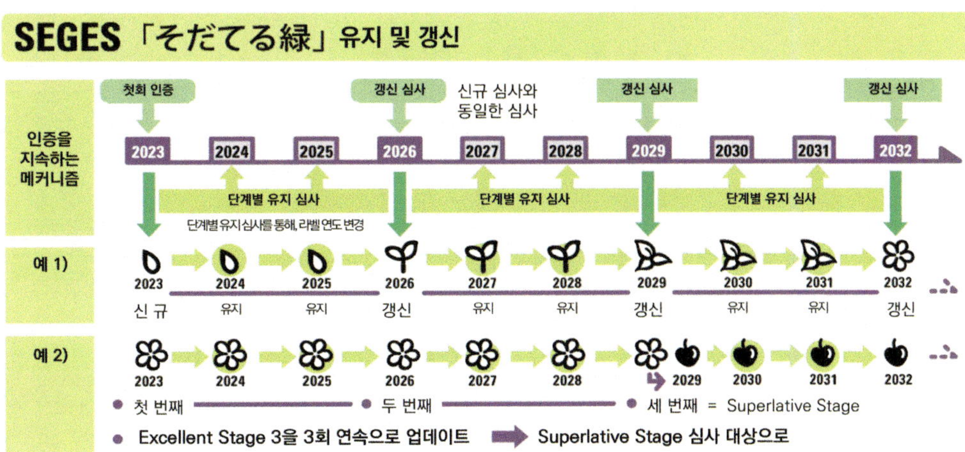

[그림 28] SEGES의 유지 및 갱신

다년간 녹지를 "최상급 단계"를 유지하고 발전 및 심화시킨 경우, 녹지 가치 향상에 크게 공헌했으며 녹지를 통한 우수한 사회적, 환경적 기여를 사회에 널리 알렸기에 "녹색 전당(Green Legacy)"을 새롭게 도입했습니다.

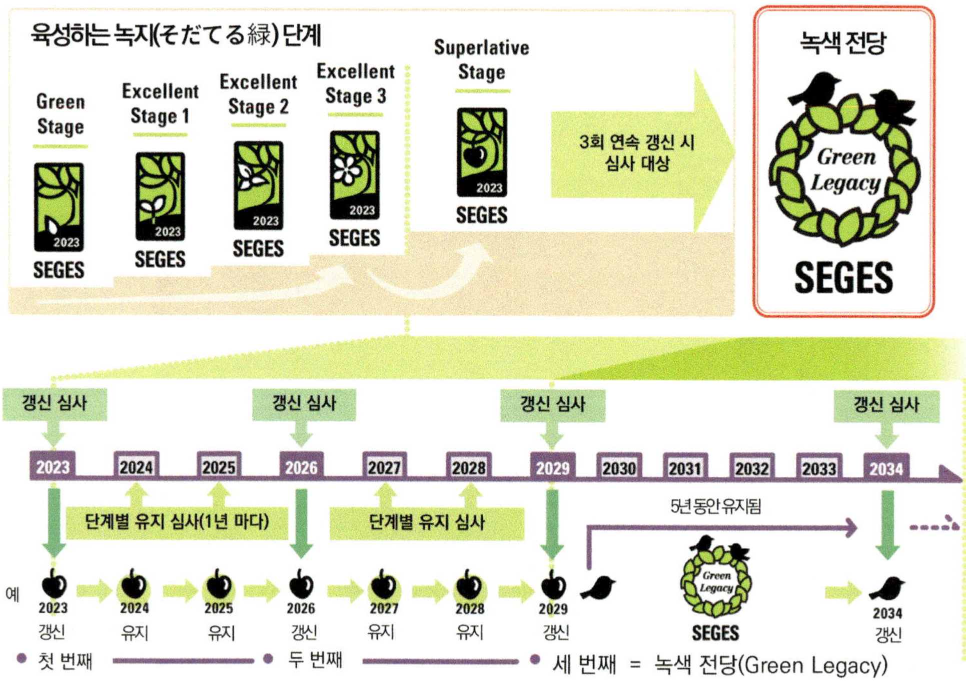

[그림 29] SEGES 녹색의 전당 인증 및 갱신 절차

- **유지 심사의 가치**
  - 녹지의 관리 및 운영, 기록을 정리하는 지표로 활용할 수 있습니다.
  - 지난 한 해 동안 SEGES 인증 녹지로서 보존 및 창출 활동을 진행해왔는지, 혹은 지속하고 있는지 확인이 가능합니다.
  - 갱신 심사 당시의 평가 항목과 SEGES 심사관의 조언이 활용 및 이행되고 있는지 확인할 수 있습니다.

- **갱신 심사의 가치**
  - 3년간 녹지관리를 객관적으로 평가하여, 현 단계에서의 녹지 실태를 판단할 수 있습니다. 그리고 인증 라벨의 단계를 올리는 기회가 됩니다.
  - 녹지의 강점과 약점을 파악할 수 있으며, 향후 무엇이 필요한지를 판단하며, 대응 전략 도출이 가능합니다. 또한, 설비 투자가 필요한 항목을 파악할 수 있습니다.
  - SEGES 심사위원의 조언을 통해서 녹지 담당자의 동기 부여 및 기회가 됩니다.

(3) SEGES 인증 평가 대상 및 평가 절차

- **평가 대상**
  - 민간기업 소유의 녹지 공간(300㎡ 이상)에 대한 우수한 보전 및 조성 활동을 인증하는 제도입니다.
  - 기업 등이 소유하는 공장, 업무 빌딩, 학교, 사회복지시설, 의료시설 등의 대상지에서 녹지보전 및 창출 등의 활동에 임하고 있는 녹지(면적 300㎡ 이상)가 평가 대상입니다.

- **인증 대상**
  - 사회 및 환경 개선에 공헌을 목표로 녹지보전 및 창출 등의 활동에 임하는 공장, 업무 빌딩, 학교, 사회복지시설, 의료시설 등의 기업 등 녹지를 설치 또는 관리하는 법인을 인증 대상으로 하고 있습니다.

• 평가 절차

[표 9] SEGES 민간기업 인증 평가 절차

상시	신청서 송부 → 서류 확인 → 서류 및 현장 심사	• 신청하기 전에 사무국에 문의 • 신청서 및 관련 자료, 심사 · 인증까지 절차 안내
연 2회 (7월, 3월 예정)	평가 · 인증위원회에서 녹지와 그 대응을 평가해, 단계를 인증합니다.	

• 심사 · 인증 · 등록을 위한 비용

- 총액 40만￥(세금 별도)
- 현지 심사 시 심사원 2명의 교통비가 별도 필요합니다.
  - 심사 경비 20만￥(세금 별도)
  - 인증 등록 경비(평가 위원회 운영, 인증서 · 마크 교부, 홍보 비용 20만￥(세금 별도))

[그림 30] 민간기업 대상 인증 마크

• 인증서의 발행

- 단계마다 인증서 발급이 되며, 인증 연도를 표기한 인증 라벨 사용이 가능합니다.

3) 참여 혜택

(1) 참여기업과 기업의 대응 및 홍보

SEGES 인증 받은 기업의 녹지 대응을 사회와 시장에 함께 호소함으로써, 이해 관계자 간의 공감, 친밀감 및 기대를 촉진하는 효과가 있습니다.

[그림 31] SEGES 홍보 책자

(2) SEGES 인증 녹지의 가치와 매력 향상 및 녹지 관리자의 기술 향상

- **SEGES 인증 녹지에 대한 투어**
  - SEGES 인증 녹지 공간을 담당하는 사람과 SEGES 인증 녹지에 관심 있는 참가자, 생물다양성을 체험하는 참가자 등과의 지식을 공유할 수 있으며, 담당자의 자부심 상승과 관리 유지의 동기 부여도 가능합니다.

- **SEGES 인증 녹지 사례 연구 발표**
  - 이해 관계자 사례연구를 발표함으로써 자신이 하는 일에 대한 이해와 다른 회사의 사례 연구를 통해 녹지관리 개선에 대한 힌트를 얻고, 업무에 도움이 되는 주제의 공유가 가능합니다.

4) SEGES 인증 사례

(1) Fujitsu Limited 사의 누마즈 콤플렉스 공장

약 53ha의 녹지를 관리 구역과 자연 구역의 2개의 구역으로 나누어 미래 장기 목표를 설정하여 지속적인 유지 · 관리를 위한 자원순환 시스템을 구축 및 운영하고 있습니다. 관리 구역에는 직원들이 산책할 수 있는 산책로가 설치되어 있고, 쓰러진 나무와 솎아낸 나무 칩이 놓여 있습니다. 또한, 풍부한 녹지 공간을 활용한 차(茶) 따기, 건강 산책 등의 계절 이벤트를 개최하며, 사회 공헌 일환으로 지역 사회에 녹지 공간과 스포츠 시설을 개방하고 있습니다. 한편, 자연 구역은 생물다양성을 유지하기 위해 자연 재생 능력을 활용하고 있으며, 최소한 필요한 부분만 관리하고 있습니다. 관리 구역 녹지는 "직원", "고객", "지역 사회"의 휴식 장소로 계속 제공하기 위해 지속적으로 개선하여 지역을 대표하는 녹지 공간으로 만들 계획입니다.

누마즈 콤플렉스 공장 (富士通株式会社沼津工場)				
기업(영명)	Fujitsu Limited, Numazu Complex			2023 SEGES
위치	静岡県沼津市宮本140番地			
설립연도	1976년			
조성면적	534,671㎡	녹지면적	422,390㎡	
특이사항	• 2006년 인증 획득 • 2018년 '녹색 전당' 인증 및 2023년 리뉴얼			최상급 스테이지 ★★★★★

산책로 주변 생태체험

공장 내 차(茶) 농장

[그림 32] 누마즈 콤플렉스 공장

※ 출처 : SEGES, https://seges.jp/site/A0604.html

(2) Kao Corporation의 와카야마(和歌山) 공장

에도 시대에 갯벌 숲으로 심어진 소나무 숲은 지금도 공장에 널리 생육하고 있으며, 부지는 지역 문화재로 소중히 보존하고 있습니다.

소나무 숲 등 녹지 공간으로 날아 들어오는 들새의 모습을 기록하고, 직원과 고객이 자연과 접할 수 있는 장소로 제공하기 위한 간판과 산책로를 설치하는 것 외에도 지역 초등학생에게 소나무 숲의 과거와 현재를 정리한 책자를 배포하여 차세대 환경 교육에 공헌하고 있습니다.

겨울에는 찬 바람을 막아주고 여름에는 더위를 완화시키는데 적합한 소나무 숲과 햇빛을 차단하기 위한 수목을 보충하는 등 다음 세대에게 물려주기 위한 녹지로 유지관리에 노력하고 있습니다. 또한, Kao corporation은 와카야마현(和歌山県)의 "기업의 숲" 프로젝트에 참가하고 있으며, 10년 이상 미사토(みさと) 천문대 근처의 2개의 산림과 오이시(生石) 고원 근처의 다른 산림도 임대하여 숲 보존 활동을 시행하고 있습니다.

<table>
<tr><th colspan="5">와카야마 공장 (花王株式会社和歌山工場)</th></tr>
<tr><td>기업(영명)</td><td colspan="3">Kao Corporation, Wakayama Plant</td><td rowspan="4">2023
SEGES</td></tr>
<tr><td>위치</td><td colspan="3">和歌山県和歌山市湊1334番地</td></tr>
<tr><td>설립연도</td><td colspan="3">1944년</td></tr>
<tr><td>조성면적</td><td>530,686㎡</td><td>녹지면적</td><td>115,525㎡
(갯벌림 78,342㎡ 포함)</td></tr>
<tr><td>특이사항</td><td colspan="3">• 2005년 인증 획득
• 2023년 '녹색 전당' 인증</td><td>최상급 스테이지
★★★★★</td></tr>
</table>

와카야마 공장 숲

자생종 식재 행사

[그림 33] 와카야마 공장

※ 출처 : SEGES, https://seges.jp/site/A0509.html

(3) SEIBU RAILWAY Co., Ltd의 한노 · 세이부 숲

오쿠무사시(奧武蔵自) 자연공원의 덴란산(天覧山)과 다미네산(多峯主山) 주변의 구릉 지역은 1967년부터 스미토모 상사가 개발 목적으로 매입했습니다. 사회 여건의 변화와 시대에 발맞추어 새로운 용도의 산림을 고민하고, 2008년 '한노 · 세이부 숲(飯能 · 西武の森)"으로 명명하고, 생물다양성을 고려한 산림을 만들기 시작했습니다.

총 면적 약 130ha의 산림은 도심에 인접한 사토야마(里山)이며, 해발 약 180m의 구릉 지역은 참나무과 졸참나무 군락지, 삼나무와 노송나무 등 풍부한 자연환경을 갖추고 있습니다.

산림 조성 전인 1997년에는 한노시(飯能市) 환경 보전 조례에 따라 32ha를 '경관녹지'로 지정하고, 이후 점진적으로 확대하여 2013년에는 총 86ha에 이르렀습니다. 한노 · 세이부 숲에서는 정부, NPO 단체, 시민이 함께 산림 보전과 보전 활동을 진행하며, 연중 내내 많은 사람이 삼림욕, 견학, 하이킹, 생물조사 등을 위해 방문합니다.

한노 세이부 숲 (西武リアルティソリューションズ「飯能·西武の森」)

기업(영명)	SEIBU RAILWAY Co., Ltd			2023 SEGES
위치	埼玉県飯能市大字飯能字鵜ノ首1130			
설립연도	2008년			
대지면적	772,995㎡	녹지면적	772,995㎡	
특이사항	• 2008년 인증 획득 • 2023년 '녹색 전당' 인증			최상급 스테이지 ★★★★★

한노 · 세이부 숲

숲 속의 생태 학습

[그림 34] 한노 세이부 숲

※ 출처 : SEGES, https://seges.jp/site/A0808.html

(4) 하루미 아일랜드 트리톤 스퀘어

하루미(晴海) 아일랜드 트리톤 스퀘어는 일, 휴양, 주거를 위한 복합 시설로 개발되어 개발 초기부터 꽃과 식물로 물든 인공 대지에 녹화의 선구적인 사례로 주목을 받고 있습니다.

완공 후 21년이 지났고, 풍부한 녹지 공간은 하루미 아일랜드 트리톤 스퀘어 특유의 업무 스타일과 생활 방식을 만들어 냈습니다. 직장인들은 나무 그늘에 있는 테이블에서 일하고, 점심시간에는 꽃을 감상하며 점심을 먹고, 오후에는 햇볕을 받으며 상쾌하게 산책을 합니다. 주민들은 새 소리와 수목의 변화로 계절을 즐기고, 식물과 꽃의 화려한 색채로 마음을 치유하고, 아이들의 미소로 행복감을 느낄 수 있습니다. 지속가능한 업무 · 생활 방식을 갖춘 편안한 도시 공간입니다.

하루미 아일랜드 트리톤 스퀘어 (晴海アイランド トリトンスクエア)				
기업(영명)	Harumi Island Triton Square			2023 SEGES
위치	東京都中央区晴海 1-8			
설립연도	2001년			
대지면적	53,988㎡	녹지면적	7,105㎡	
특이사항	• 2014년 인증 획득 • 2023년 '녹색 전당' 인증			최상급 스테이지 ★★★★★

부지의 27%를 차지하는 열린공간

사계절을 볼 수 있는 인공지반의 정원

[그림 35] 하루미 아일랜드 트리톤 스퀘어

※ 출처 : SEGES, https://seges.jp/site/A1402.html

(5) Idemitsu Kosan Co,.Ltd.의 홋카이도 정유 공장

설립자 이데미츠 사조(出光佐三)는 지역 사회와 함께 번영할 공원과 같은 녹지대가 있는 공장 건설을 주장했습니다. 이 정유 공장 건설 시 "북쪽 대지의 공원 공장(Park Factory)"을 목표로 가혹한 자연환경을 극복하면서 녹지를 만들기 위해 노력해 왔습니다. 지금까지 약 12,000그루의 나무가 심어졌으며 녹지에는 야생 조류와 붉은 여우가 서식하고 있어 생물다양성 보존에 기여하고 있습니다.

녹지 공간에 있는 야에자쿠라(ヤエザクラ,겹벚꽃) 나무를 사람들에게 공개하고, 특산품 과일 하스캅(ハスカップ, 댕댕이나무) 자생 모종을 재배하고, 부모와 자녀를 위한 체험 환경 학습장으로 지역 주민들과 교류하는 장소로 이용되고 있습니다. 또한, 산림청의 "기업임업" 프로젝트에 참여하여 녹화 활동을 전개하고 있습니다. 이러한 활동으로 2014년에는 경제산업통상산업부 장관상을 수상하여 녹색공장 우수상을 받았습니다. 앞으로도 홋카이도(北海道) 공장 녹화를 선도하는 기업으로서 지역 사회에 공헌하기 위해 노력하고 있습니다.

홋카이도 정유 공장 (出光興産株式会社北海道製油所)				
기업(영명)	Idemitsu Kosan Co,.Ltd. Hokkaido Refinery			2023 SEGES
위치	北海道苫小牧市真砂町 25-1			
설립연도	1973년			
대지면적	1,987,980㎡	녹지면적	894,560㎡	
특이사항	• 2010년 인증 획득			최상급 스테이지 ★★★★★

홋카이도 정유 공장 전경

가족 단위의 환경 학습 세션

[그림 36] 홋카이도 정유 공장

※ 출처 : SEGES, https://seges.jp/site/A1001.html

(6) Green Wise Co., Ltd의 본사 (주)그린와이즈

1905년부터 녹화 사업에 종사해 온 Greenwise는 2005년에 본사를 현재의 Tama Hills로 이전했습니다. 사람이 자연과 공존할 수 있는 환경 만들기를 목표로 '슬로우 그린'을 테마로 건축물 개발과 녹지 조성에 있어서 지역 생태계의 재생 · 보존에 노력하고 있습니다. 그린와이즈는 녹지의 계획, 설계, 시공, 녹지관리, 행사 및 녹지 활용 및 활성화까지 환경통합 사업을 전개하고 있습니다.

녹지관리는 농약과 화학비료에 의존하지 않는 IPM(Integrated Pest Management) 식재 관리를 통하여 인간의 건강과 생태계에 대한 부담을 줄이고 자연의 힘을 활용하고 있습니다. 옥상정원인 "연결되는 정원(つながる庭)"에서는 직원뿐만 아니라 이웃 주민도 이용 가능한 옥상정원 투어를 계획함으로써 지역 사회와의 연결을 소중히 여기고 있습니다. 환경과의 공존을 목표로 누구나 안심하고 일상적으로 즐길 수 있는 녹지 공간을 지속적으로 조성, 관리, 운영하고 있습니다.

Greenwise Inc. 본사((주)그린와이즈) (株式会社グリーン・ワイズ本社事業所)				
기업(영명)	GREEN WISE Co.,Ltd. Head Office			2023 SEGES 최상급 스테이지 ★★★★★
위치	東京都多摩市山王下 2-2-2			
설립연도	2005년			
대지면적	9,624㎡	녹지면적	4,145㎡	
특이사항	• 2008년 인증 획득			

옥상정원 전경

커넥팅 가든 모델

[그림 37] Green Wise 주식회사 본사

※ 출처 : SEGES, https://seges.jp/site/A0811.html

(7) Nissan 테크니컬 센터/Nissan 첨단기술개발센터

닛산 테크니컬 센터(NTC)는 부지 매입 시점부터 시설 주변 산림 지역의 식생을 보존하기 위해 노력하고 있으며, 풍부한 주변 자연환경과 조화를 이루는 것을 목표로 하고 있습니다. 개발 거점이기 때문에 일반인에게 개방하기는 어렵지만, 자연 녹지 안에 정비된 느티나무와 벚나무 가로수길을 사용하여 일반인도 참가할 수 있는 마라톤 대회 등의 이벤트를 개최하여 지역 주민들이 녹음이 우거진 기업 공간을 볼 수 있는 기회를 제공하고 있습니다.

구 아오야마가쿠인(青山学院)대학 캠퍼스 부지에 닛산 첨단기술개발센터(NATC)를 설립하고, 철거된 학교 건물 콘크리트 잔해를 현장에서 재사용하여 식재 기반조성 재료로 활용하고 있습니다. 옥상정원과 사무실 공간에 그린 큐브(옥상 녹지)를 배치하여 환경에 미치는 영향을 줄이고 직원의 지적 생산성 향상에 공헌하고 있습니다.

<table>
<tr><th colspan="5">닛산 테크니컬 센터/닛산 첨단기술개발센터
(日産自動車株式会社日産テクニカルセンター/日産先進技術開発センター)</th></tr>
<tr><td>기업(영명)</td><td colspan="3">Nissan Technical Center
Nissan Advanced Technology Center</td><td rowspan="4">2023
SEGES</td></tr>
<tr><td>위치</td><td colspan="3">神奈川県厚木市岡津古久560-2、森の里青山1-1</td></tr>
<tr><td>설립연도</td><td colspan="3">NTC : 1981년 NATC : 2007년</td></tr>
<tr><td>대지면적</td><td>NTC : 1,221,779㎡
NATC : 204,503㎡</td><td>녹지면적</td><td>NTC : 486,107㎡
NATC : 105,882㎡</td></tr>
<tr><td>특이사항</td><td colspan="3">• 2011년 인증 획득</td><td>최상급 스테이지
★★★★★</td></tr>
</table>

닛산 테크니컬 센터 전경

후레아이 로드 레이스

[그림 38] 닛산 테크니컬 센터/첨단기술개발 센터

※ 출처 : SEGES, https://seges.jp/site/A1108.html

(8) YKK 주식회사의 구로베 공장(YKK 센터파크)

YKK 그룹이 ‘기술의 총본산’이라는 제조 · 개발 거점을 두는 쿠로베시(黒部市)는 울창한 선상지(扇状地) 구로베강(黒部川)을 중심으로 아름다운 자연에 둘러싸인 도시입니다. 그러나 도시화 등의 요인으로 인해 풍요로운 자연이 사라지고 있는 것을 깨닫기 시작하면서, 2006년 공장 내 자생 식물을 활용한 숲 조성을 시작했으며, 2009년에는 ‘고향의 숲(ふるさとの森)’과 산업관광시설을 결합한 시설인 YKK 센터파크를 개장하였으며, 일반인에게도 개장했습니다.

구로베(黒部)의 유전적 다양성을 보존하기 위해, 숲 속 20종 2만 그루의 나무 씨앗에서 채취한 묘목을 만들어 식재하였습니다. 그 결과로 너구리, 새, 곤충, 포유류 등 약 300종(멸종 위기 종 포함)이 숲에서 서식하고 있습니다. 또한, 벚꽃 시즌에 개장하는 “벚꽃 정원”과 잔디밭 등 도시 주변의 녹지 개선에도 노력하고 있습니다.

YKK 주식회사 구로베 공장(YKK 센터파크) YKK株式会社 黒部事業所 (YKKセンターパーク)				
기업(영명)	YKK CORPORATION / YKK Corporation Kurobe			2023 SEGES
위 치	富山県黒部市吉田200			
설 립 연 도	2009년			
대 지 면 적	1,017,799㎡ (YKK 센터파크 82,017㎡)	녹지면적	197,689㎡ (YKK 센터파크 48,299㎡)	최상급 스테이지
특 이 사 항	• 2016년 인증 획득			★★★★★

YKK 센터 파크 전경

SoftBank Corp.와 협력하여 녹지의 CO_2 흡수량의 시각화

[그림 39] YKK 센터 파크

※ 출처 : SEGES, https://seges.jp/site/A1601.html

(9) Mitsubishi Electric Corporation의 미쯔비시 전기 배전 시스템 센터

미쯔비시 전기 배전 시스템 센터는 1979년 매립지에 지어졌습니다. 설립 당시 녹지 정비는 공익재단법인 국토녹화추진기구로부터 도시 녹화 공로상을 수상했으며, 설립 당시부터 '녹지를 소중히 생각하는 사상'을 계승하여 나무를 심고 가꾸어 지역 생태계에 공헌하는 환경을 조성하고, 임직원과 고객이 스스로 재충전할 수 있는 녹지 공간을 정비 및 활성화 하고 있습니다.

2016년부터 사계절 생물조사를 시행하고 있으며, 생물다양성 보전 활동의 일환으로 임직원들이 수작업으로 비오톱을 조성하고 있습니다. 2018년 신(新) 생산동 건설과 함께 새로운 비오톱이 완공되어 들새와 잠자리의 휴식처로서 주변 지역의 생태계 보존에 공헌하고 있습니다. 또한, 사토야마(里山) 보전 활동과 야외 강습회를 개최하여 환경 의식을 키우고 사회 공헌 활동에도 참여하고 있습니다.

미쯔비시 전기 배전 시스템 센터 (三菱電機株式会社受配電システム製作所)				
기업(영명)	MITSUBISHI ELECTRIC CORPORATION POWER DISTRIBUTION SYSTEMS CENTER			
위치	香川県丸亀市蓬莱町8番地			
설립연도	1979년			
대지면적	193,900㎡	녹지면적	28,495㎡	
특이사항	• 2018년 인증 획득			우수 스테이지 ★★★★

친환경 에너지 생산

상호 공생을 목표로 하는 비오톱

[그림 40] 미쯔비시 전기 배전 시스템 센터

※ 출처 : SEGES, https://seges.jp/site/A1802.html

(10) Sagawa Express 주식회사의 타카오 100년의 숲

Sagawa Express는 사회와 자연과의 공생을 위한 산림 보전 활동과 환경 인재 육성에 대응하고 있는 기업입니다.

도쿄도 하치오지시(東京都八王子市)에 있는 기업 소유의 숲인 타카오 100년 숲(高尾100年の森)에서는 '100년'이라는 문구를 바탕으로 '지구 온난화 방지에 도움이 되는 사토야마(里山)'와 '사람과 자연이 공존하는 사토야마'의 재생을 장기 비전으로 추진하고 있습니다. 또한, 아이들을 위한 「자연 체험 학습」을 지속적으로 시행하여 차세대를 책임지고 있으며, 2016년에는 도쿄에서 최초로 환경교육진흥법에 근거한 「체험 기회의 장소」로 인정받았습니다. 도심에서 쉽게 접근할 수 있는 장소로서 초등학생을 위한 자연 체험, 청소년 세대를 위한 사토야마 보존 체험, 직장인을 위한 환경 활동 등 남녀노소가 이용하고 있는 장소입니다.

타카오 100년의 숲 (佐川急便株式会社佐川急便「高尾100年の森」)				
기업(영명)	Sagawa Express「Forest of Takao 100 years」			2023 SEGES
위치	東京都八王子市元八王子町三丁目·裏高尾町			
설립연도	2007년			
대지면적	4,932,723㎡	녹지면적	4,932,723㎡	
특이사항	• 2019년 인증 획득			우수 스테이지 ★★★★

타카오 100년의 숲

지역 학교와 연계한 자연 체험 학습

[그림 41] 타카오 100년의 숲

※ 출처 : SEGES, https://seges.jp/site/A1902.html

(11) Northern Horse Park Co.,Ltd의 노던 호스 파크

노던 호스 파크(ノーザンホースパーク)는 홋카이도(北海道)의 웅장한 자연과 말의 매력을 체험할 수 있는 테마파크입니다. 테마파크는 16개의 테마로 나누어진 총면적 약 10,000평을 자랑하는 정원이며, 골판지를 사용한 멀칭으로 사람과 환경친화적인 정원 만들기에 노력하고 있습니다. 다람쥐, 사슴, 야생 조류가 공원을 방문하며, 자작나무 가로숲길을 바라보며 승마와 마차 등 1년 내내 홋카이도 기후를 살린 야외 활동을 즐길 수 있습니다.

"승마 문화 보급"이라는 사명으로 말의 개성과 장점을 살린 세계적으로 드문 조랑말 쇼를 개최하고 있으며, 홋카이도의 서러브레드(경주용 말) 생산 역사, 말 생태를 전시하는 박물관 등 배움을 즐길 수 있는 시설을 갖추고 있습니다. 또한, 은퇴한 경주마의 제2의 삶을 지원하고, 말 배설물을 퇴비화하여 인근 목장에서 자원으로 활용하는 등 지속가능한 사회 만들기를 목표로 하고 있습니다.

노던 호스 파크 (ノーザンホースパーク)		
기업(영명)	Northern Horse Park, Northern Horse Park Co.,Ltd	2023 SEGES
위치	北海道苫小牧市美沢114-7	
설립연도	1989년	
대지면적	460,000㎡	
특이사항	• 2022년 인증 획득	우수 스테이지 ★★★★

공원 내 승마 체험

가을의 노던 호스 파크

[그림 42] 노던 호스 파크

※ 출처 : SEGES, https://seges.jp/site/A2203.html

(12) NTT 그룹의 무사시노 연구개발센터

무사시노 연구개발센터 부지는 '옛 나카지마(中島) 항공기 무사시(武蔵) 공장' 부지이며, 인접한 도쿄도립 무사시노(武蔵野) 중앙 공원과 함께 도시의 귀중한 자연 자원입니다. 2018년 12월 부지에 있는 131그루의 수목이 무사시노시(武蔵野市)의 보존 수목으로 지정되었습니다. 2015년 그린 커튼[3]을 시작으로 2019년부터는 여름 채소를 재배하고 식물 가꾸기, 꽃 감상, 과일 먹기를 즐기며 자연과 접하는 활동을 실천하고 있습니다.

매년 무사시노 벚꽃 축제에서는 중앙 벚나무 가로수길과 기술역사관을 일반인에게 공개하고 지역 커뮤니케이션 활동을 시행하고 있습니다. 앞으로도 NTT 그룹은 환경 선언을 바탕으로 「저탄소사회 실현」, 「순환형 사회 형성」, 「생물다양성 보전」을 미래로 나아가야 할 대응 전략으로 보고 NTT 그룹의 녹화 및 지역 환경 활동에 적극적으로 기여할 계획을 밝혔습니다.

무사시노 연구개발센터 (日本電信電話株式会社武蔵野研究開発センタ)				
기 업 (영 명)	NIPPON TELEGRAPH AND TELEPHONE CORPORATION, Musashino R&D Center			2023 SEGES
위 치	東京都武蔵野市緑町3-9-11			
설 립 연 도	1950년			
대 지 면 적	123,560.75㎡	녹지면적	62,439㎡	
특 이 사 항	• 2017년 인증 획득 • 2023년 '녹색 전당' 인증			우수 스테이지 ★★★★

빌딩 내에서 재배한 감자

건물 내 그린 커튼(13m 도달)

[그림 43] 무사시노 R&D 센터

※ 출처 : SEGES, https://seges.jp/site/A1702.html

3) 그린 커튼은 실내 온도 상승을 억제하기 위해 덩굴 식물로 건물 전체를 덮은 것을 의미합니다.

(13) Daikin Industries, Ltd.의 다이킨 아레스 아오타니

돗토리 사구(鳥取砂丘) 서쪽에 위치한 이데가하마(井手ケ浜)는 일본을 대표하는 “Singing sand(鳴き砂の海岸)” 중 하나로, 자연 그대로의 사구 지형으로 사구 식생이 양호한 상태를 유지하고 있는 보기 드문 곳입니다.

연수시설 정비에 있어서는 희귀한 해변 사구 환경을 보호하기 위해 해변 사구 특유의 식생과 위치 조건을 신중하게 파악하고 수목의 식재를 계획하고 조성했습니다. 조성 후에도 전문가 조언에 따라 관리를 지속적으로 모니터링하고 조정하고 있습니다.

순응형의 육성 관리를 시행하고 있으며, 해당화(ハマナス)의 야생 계통 및 기존 수목의 묘목 증식에 체계적으로 임하는 등 남부지역 서식종에 가까운 지역 자생종 보호와 경관 이용을 실천하고 있습니다. 또한, 지역 주민과 자연환경을 연구하는 학생들이 이 지역에서 희귀한 해변 사구 환경에 대해 배우는 교육 장소로도 사용됩니다.

다이킨 아레스 아오타니 (ダイキン工業株式会社ダイキンアレス青谷)				
기업(영명)	DAIKIN ALES AOYA			2023 SEGES
위치	鳥取県鳥取市青谷町井手572-5			
설립연도	2008년			
대지면적	72,500㎡	녹지면적	51,000㎡	
특이사항	• 2011년 인증 획득			우수 스테이지 ★★★★

다이킨 아레스 아오타니 전경

해변 사구 식생

[그림 44] 다이킨 아레스 아오야

※ 출처 : SEGES, https://seges.jp/site/A1106.html

(14) AsahiKasei Corporation의 아사히 생명의 숲

아사히 생명의 숲(いのちの森)은 2007년에 기업과 관련된 부지에 조성된 약 1만㎡ 녹지입니다. 후지시(富士市) 해안 지역의 원래 경관을 복원하는 것을 목표로 수종을 선택하고 고저차와 물가가 있는 복잡한 지형을 만들어 숲을 육성하고 있습니다. 현재는 자연림, 사토야마(里山) 산림, 초원, 습지, 논, 개울, 연못 각각의 특징적인 식생을 재생하고, 곤충과 동물이 자연에 돌아오는 생물다양성에 공헌하는 지역이 되었습니다.

이 숲은 아이들에게 자연 체험과 직원 교육 등 환경 학습의 장소로 사용되고 있습니다. 또한, 매년 반딧불 축제를 개최하는 등 지역 사회에 개방적인 활동을 추진하고 있으며, 10년 이상에 걸친 식생조사 결과를 발표하기 위해 노력하고 있습니다. 최근 2020년부터는 지역 식생 개선을 위해 대학과 산학 공동 연구를 진행하고 있습니다.

아사히 생명의 숲 (旭化成株式会社 / 旭化成ホームズ株式会社あさひ·いのちの森)				
기업(영명)	AsahiKasei Corporation / AsahiKasei Homes Corporation, ASAHI INOCHINOMORI			2023 SEGES
위치	静岡県富士市鮫島２番地の１			
설립연도	1958년			
대지면적	562,000㎡	녹지면적	75,795㎡	
특이사항	• 2017년 인증 획득			우수 스테이지 ★★★★

이노치노 숲

지역 대학의 산학 공동 연구

[그림 45] 아사히 이노치노 숲

※ 출처 : SEGES, https://seges.jp/site/A1703.html

(15) 수도고속도로 주식회사의 오오하시 마을숲

'오오하시 마을숲(おおはし里の杜)'는 야마노테 터널([B] 완간선(湾岸線)에서 [5]이케부쿠로선(池袋線)까지)과 [3]시부야선(渋谷線)을 연결하는 오오하시(大橋)교차점 안쪽에 위치하는 오오하시 환기소 옥상에 정비한 자연재생 녹지입니다.

사면 숲, 초지, 시냇물이 옛 메구로강(目黒川)과 강 주변의 원풍경을 모델로 재현되어 있으며, 재래종만을 식재하여 생물다양성 보존에 대응하고 있습니다. 또한, 메구로강을 중심으로 요요기 공원(代々木公園) 등 주변 녹지를 연결하는 생태네트워크로서의 역할을 수행하고 있습니다. 최근 몇 년 동안 참매로 추정되는 배설물이 발견되어 생태네트워크로서 기능을 꾸준히 입증하고 있습니다. 또한, 인근 지역 초등학생을 초대하여 벼 재배(벼 심기, 수확, 타작) 체험 활동을 시행하고 있습니다. 체험 활동에서 얻은 쌀은 '수확제'로 초등학교 급식으로 활용하며, 이벤트를 통해 자연 학습, 농업 체험 등 다양한 체험 학습을 시행하고 있습니다.

오오하시 마을숲 (首都高速道路株式会社おおはし里の杜(大橋換気所))

				SEGES
기 업 (영 명)	Ohashi Sato no Mori(Ohashi Ventilation Station)			2022 SEGES
위 치	東京都目黒区大橋1－9－1			
설 립 연 도	2013년			
대 지 면 적	1,215㎡	녹지면적	908㎡	
특 이 사 항	• 2020년 인증 획득			우수 스테이지 ★★★

오오하시 마을숲

지역 초등학생의 쌀 재배

[그림 46] 오오하시 마을숲

※ 출처 : SEGES, https://seges.jp/site/A2001.html

(16) Shinkashiwa Clinici의 플로우 가든

본 의료시설(신카시와 클리닉)은 120병상 규모의 투석실을 가지고 있으며, 「최고의 의료를 최상의 환경에서 제공하는 것」을 목표로 「산림욕을 할 수 있는 클리닉」을 컨셉으로 목조나무 가구에 의한 개방형 투석실을 만들어 투석 환자를 위한 재활 정원이 조성되어 있습니다.

지역에 남아있는 잡목림 경관을 바탕으로 식재 계획과 자연석 등의 상세 계획을 적용한 가로 풍경을 만들어, 통일감 있는 양호한 가로수로 '산림욕을 할 수 있는 메디컬 케어 타운'을 조성하였습니다.

2020년 4월에는 인근 부지에 당뇨병 클리닉이 개원되어 정원과 인접한 숲을 보존 및 활용하기 위한 계획도 진행하고 있습니다. 앞으로 신카시와 클리닉은 투석 환자뿐만 아니라 당뇨병 환자를 위한 운동 및 원예치료 장소이자 잡목림 보전과 활용을 위한 활동 거점으로도 사용될 예정입니다.

신카시와 클리닉과 주변 가로 (医療法人社団中郷会 新柏クリニック(めぐりの庭))				
기업(영명)	Shinkashiwa Clinic Shinkashiwa Clinic Flow Garden			2023 SEGES
위 치	千葉県柏市新柏1-4-5,1-6,1-7他			
설립연도	2017년			
대지면적	11,527.74㎡ (총 4개소)	녹지면적	5,206.42㎡ (총 4개소)	
특이사항	• 2019년 인증 획득			우수 스테이지 ★★★

신카시와 클리닉 정원

신카시와 클리닉 투석실

[그림 47] 신카시와 클릭닉(플로우 가든과 투석실)

※ 출처 : SEGES, https://seges.jp/site/A1901.html

(17) ROHM Co.,Ltd.의 숲속의 공장

ROHM은 자연과의 조화를 목표로 하는 "숲속의 공장(森の中の本社工場)"을 컨셉으로 본사 주변 녹지를 정비하고 있습니다. 2022년 3월, 「ROHM과 지역사회, 그리고 생물이 연결되는 곳」을 컨셉으로, 본사 부지에서 8,400㎡ 비오톱을 조성하였습니다. 상징 수목으로 월계수를 식재하고, 다양한 생물이 서식 및 생육할 수 있는 장소를 만드는 데 중요한 역할을 하는 수변과 들판을 조성하였습니다. 조성된 비오톱에서는 이미 다양한 곤충과 새를 볼 수 있으며, 다양한 생물들이 서식하고 있습니다.

수변과 들판은 자연과 공존의 소중함을 전달하기 위한 환경 교육의 장소로 활용할 계획이며, 2022년 6월에는 임직원과 임직원 가족 71명이 모내기 등의 체험을 경험했습니다. 향후 비오톱 공간을 활용한 지역 사회와의 커뮤니케이션을 강화하고, 생태계 보전 대책을 추진해 나갈 예정입니다.

숲속의 공장 (ローム株式会社「森の中の本社工場」)				
기업(영명)	Factory in the Forest / ROHM Co.,Ltd.			2023 SEGES
위치	京都府京都市右京区西院溝崎町21			
설립연도	1958년			
대지면적	79,744㎡	녹지면적	19,997㎡	
특이사항	• 2021년 인증 획득			우수 스테이지 ★★★

숲속의 공장

모내기 체험

[그림 48] 숲속의 공장

※ 출처 : SEGES, https://seges.jp/site/A2101.html

(18) Urban Renaissance Agency의 토키와다이라 단지

도시재생기구 UR은 살기 좋은 거주환경 확보와 지역 자연환경 보존 및 마을의 양호한 경관 형성에 공헌하기 위해 녹지 공간을 조성 및 유지 관리하고 있습니다.

도키와다이라 단지(常盤平団地)는 단지가 건설되기 전부터 존재했던 소나무 숲을 보존한 녹지 공간 외에도 단지를 건설할 때 심은 느티나무와 벚나무 등의 수목이 60년에 걸쳐 크게 성장하고 있습니다. 단지 내의 녹지 공간은 약 20ha이며, 주변 공원 및 가로수와 함께 지역의 중요한 환경자원 및 경관 자원으로 인식되고 있습니다.

2021년과 2022년에는 지역 사회와의 커뮤니케이션을 도모하기 위해, 단지 입주민이나 지역 초등학교 학생을 대상으로 단지 정원 견학을 개최했습니다. 녹지 전문가와 함께 단지 내 정원을 견학하고, 환경 학습과 인접한 녹지에서 즐거움을 찾는 법을 발견할 기회를 제공했습니다.

도키와다이라 아파트 단지 (独立行政法人 都市再生機構UR 賃貸住宅 常盤平団地)				
기업(영명)	Urban Renaissance Agency, Tokiwadaira housing complex			2023 SEGES
위치	千葉県松戸市常盤平			
설립연도	1960년			
대지면적	355,000㎡	녹지면적	206,000㎡	
특이사항	• 2021년 인증 획득			우수 스테이지 ★★★

단지 건설 이전부터 보존한 소나무	토키와다이라 단지 내 정원 투어

[그림 49] 토키와다이라 아파트 단지

※ 출처 : SEGES, https://seges.jp/site/A2102.html

(19) Meiji Group의 자연보호구 구마모토 고모레비 숲

구마모토현(熊本県) 기쿠치시(菊池市) 남동부에 위치한 기쿠치연구소 내의 「메이지 그룹 자연보호구(明治グループ自然保全区) 구마모토 고모레비 숲(くまもと こもれびの森)」은 아소가이린잔(阿蘇外輪山) 기슭의 구릉지에 위치하며, 사토야마(里山) 같은 풍부한 자연환경을 유지하고 있습니다. 숲은 금사초와 은사초, 올빼미, 산 독사와 같은 희귀 야생 동・식물을 관찰할 수 있는 지역 녹지축으로서 중요한 역할을 하고 있습니다. 해당 희귀종은 일본 및 현 적색 목록(IUCN Red List)에 등재되어 있습니다. 메이지 그룹은 자연과 공생을 목표로 생물다양성 보전 활동에 적극적으로 대응하고 있으며, 앞으로는 사계절 관찰 모임 등 메이지 그룹 직원과 그 가족, 지역 주민이 자연을 만날 수 있도록 노력하고 있습니다. 또한, 메이지 그룹 환경교육 장소로도 활용할 계획이며, 지역민에게 사랑받을 수 있는 숲으로 정비할 계획을 밝혔습니다.

구마모토 고모레비 숲 (明治ホールディングス株式会社 菊池研究所 明治グループ自然保全区 くまもと こもれびの森)				
기업(영명)	Meiji Group Nature Conservation Area Kumamoto Sunlight Forest			2023 SEGES
위치	熊本県菊池市旭志川辺1314番地1			
설립연도	1985년			
대지면적	272,250㎡	녹지면적	67,602㎡	
특이사항				우수 스테이지 ★★★

고모레비 숲 전경

환경교육 장소로의 고모레비 숲

[그림 50] 구마모토 고모레비 숲

※ 출처 : SEGES, https://seges.jp/site/A2103.html

(20) Toray Industries, Inc의 도카이 공장

토가이 공장(東海工場)은 치타(知多)반도 임해공업지대의 북단부에 위치하고 조성후 약 50년의 역사가 있는 녹지를 가지고 있습니다. 이곳은 해안 환경의 영향과 예전부터 사토야마(里山)가 펴져 있던 내륙 환경의 영향을 모두 받는 장소에 있습니다. 따라서 공장 내 녹지는 상록수를 중심으로 생태적인 녹지를 구성하고 있습니다. 2021년 1월에는 생물다양성 보전에 대한 인식으로 녹지 가치를 더욱 향상시키기 위해 녹지 공간에 수변 비오톱을 조성하였습니다. 또한, 치타(知多)반도 연안 지역 기업들의 녹지 공간을 중심으로 활동을 전개하는 「생명을 연결하는 프로젝트」에 참가하여, 학생, 인접 기업, 정부 전문가 등 많은 관계자와 연계하여 즐기면서 다양한 활동을 전개하고 있습니다.

앞으로도 생물다양성 보전과 차세대를 이끌어갈 인재 육성 등 지속 가능한 사회를 실현하기 위해 녹지 공간의 정비와 활용에 대응해 갈 계획입니다.

도카이 공장 (東レ株式会社東海工場)				
기업(영명)	Toray Industries, Inc. / Tokai Plant			2023 SEGES
위치	愛知県東海市新宝町３１番地			
설립연도	1971년			
대지면적	582,000㎡	녹지면적	94,378㎡	
특이사항	• 2022년 인증 획득			우수 스테이지 ★★★

생물종 모니터링

지역 주민의 기업 녹지 공간 방문

[그림 51] 도카이 공장내 녹지

※ 출처 : SEGES, https://seges.jp/site/A2201.html

(21) JESCO Holdings, Inc의 JESCO 나치카쓰우라 보안림

JESCO 그룹은 탄소중립을 최우선 과제로 간주하고 재생가능 에너지 설비 건설사업에 주력하며, 산림 보유에 의한 탈·탄소사회를 실현하기 위해 적극적으로 노력하고 있습니다. 나치카쓰우라(那智勝浦) 보안림(保安林)은 면적 16.7ha이며, 40년 수령의 삼나무와 편백나무가 약 5만 그루가 있는 혼효림이며, 세계 유산 「기이 산지의 영지와 참배길(紀伊山地の霊場と参詣道)」의 일부인 나치 폭포(那智大滝)에 인접하고, CO_2 고정 및 경관 형성, 주변 지역의 수원함양(水源涵養) 기능을 가지고 있습니다.

창업자(목재 상인)는 기업 발전에는 임업과 같은 인내가 필요하다고 생각하고, 산림 보유와 에코그린 활동 등 산림 자원을 소중히 여기는 기업 문화를 육성해 왔습니다. 도시에 입지하고 있는 기업이지만, 나라현(奈良県)의 요시노(吉野)를 포함한 총 약 27ha의 산림을 보유하고 있으며, 앞으로도 녹지 정비 및 유지 관리를 통한 사회공헌 활동을 이어 나아갈 예정이라 밝혔습니다.

JESCO 나치카쓰우라 보안림 (JESCOホールディングス株式会社 JESCO那智勝浦の保安林)		
기업(영명)	JESCO Nachi Katsuura Protected Forest JESCO Holdings, Inc.	2023 SEGES
위치	和歌山県東牟婁郡那智勝浦町大字市野・字荷馬ヶ野	
설립연도	2017년	
대지면적	16.7ha	
특이사항	• 2022년 인증 획득	우수 스테이지 ★★★

JESCO 나치카쓰우라 보안림

생물종 모니터링 카메라 설치

[그림 52] JESCO 나치카쓰우라 보안림

※ 출처 : SEGES, https://seges.jp/site/A2202.html

(22) TODA Corporation의 쓰쿠바 기술연구소

기술연구소가 위치한 쓰쿠바시(つくば市)는 북쪽에 쓰쿠바 산(筑波山)이 있는 자연이 풍부한 지역이지만, 개발이 진행됨에 따라 녹지가 줄어들고 있습니다. 연구소는 1982년 개관 이래 생태네트워크 형성에 공헌할 수 있는 녹화 활동을 추진해 오고 있습니다. 주요 활동으로 쓰쿠바 지역에서 생육하는 희귀종을 포함하여 자생종을 이식하고, 조성한 지역 자생식물 비오톱인 「쓰쿠바 재생 마을」을 지속적으로 모니터링하여 식생을 보존하고 있습니다. 그리고 그린 오피스 빌딩의 벽과 옥상에 대한 녹화 기술 조사 연구를 진행하고 있습니다. 또한, 연구소 내 외부에서 연수 및 견학을 통한 환경 교육을 시행하고 있습니다. 앞으로 탄소중립을 위한 CO_2 흡수 및 고정하는 대응 전략도 추진하면서 녹화 활동을 연속적으로 이어 나아갈 예정입니다.

쓰쿠바 기술 연구소 (戸田建設株式会社筑波技術研究所)				
기업(영명)	Tsukuba Technology Research Institute, TODA CORPORATION			2023 SEGES
위치	茨城県つくば市要315			
설립연도	1982년			
대지면적	22,247.66㎡	녹지면적	5,126.7㎡	
특이사항	• 2022년 인증 획득			우수 스테이지 ★★★

쓰쿠바 기술 연구소

ZEB을 달성한 녹색 오피스 빌딩의 비오톱

[그림 53] 쓰쿠바 기술 연구소

※ 출처 : SEGES, https://seges.jp/site/A2204.html

(23) NTT 그룹의 요코스카 R&D 센터

미우라(三浦) 반도의 끝에 위치한 요코스카(横須賀) R&D 센터는 다케산(武山)과 오쿠스(大楠) 구릉 동쪽 산기슭에 둘러싸여 계절에 따른 색채 변화가 풍부하여 요코스카 풍물 100선(横須賀風物百選)에 선정되었으며, 요코스카시의 녹지보존구역에 인접해 있습니다. 주변에 바다직박구리, 백할미새 등 야생 조류가 서식하고 있으며, 때때로 테라스에서 휴식을 취하는 모습을 볼 수 있습니다. 건물 개발에 있어서 길가에 수국과 철쭉을 식재하고, 자연 잡목림 복원 등 녹화 작업에 힘쓰고 있습니다.

또한, 건물 서쪽 사면에서는 「후쿠시마(福島県) 해바라기 위탁 부모 프로젝트」에 참가하여, 직원 자원봉사자에 의한 농업 동아리 활동 등 녹지 보존에 한층 더 노력하고 있습니다. 앞으로 「NTT 그룹 환경 선언(생물다양성 보전 등)」에 근거하여 미래를 위한 녹화를 적극적으로 추진 해 나아갈 것입니다.

요코스카 연구 개발 센터 (日本電信電話株式会社横須賀研究開発センタ)				
기업(영명)	NIPPON TELEGRAPH AND TELEPHONE CORPORATION, Yokosuka R&D Center			2023 SEGES
위치	神奈川県横須賀市光の丘 1-1			
설립연도	1972년			
대지면적	171,300㎡	녹지면적	62,200㎡	
특이사항	• 2018년 인증 획득			우수 스테이지 ★★★

요코스카 연구 개발 센터

서쪽 사면의 해바라기 군락

[그림 54] 요코스카 연구 개발 센터

※ 출처 : SEGES, https://seges.jp/site/A1801.html

(24) Northen Racing Ltd의 묘목사유림(植苗社有林)

Northern Racing이 소유한 산림은 지속 가능한 산림 관리를 위한 표준 지표로 Montreal Process*를 채택했습니다. 묘목사유림(植苗社) 주변은 이부리(胆振) 지역 야생 동물의 코리더(다양한 야생동물이 출입 통로)의 일부로 이용되고 있는 것으로 알려져 있으며, 목재 생산과 생물다양성 보전을 모두 달성하기 위한 산림 경영을 시행하고 있습니다. 구체적으로는 산림 GIS를 도입하여 산림 자원량 파악, CO_2 흡수 및 고정량 파악, 산란하는 맹금류의 사용 면적 파악 및 산란 환경 개선, 불곰 행동 구역 파악, 코리더 정비, 희귀식물 보존 등 다양한 전문가와 함께 생물과 공존하는 산림 경영 계획을 작성 및 수립하여 사업에서 배출되는 CO_2 저감에 공헌하고 있습니다. 향후 생태관광과 나무 심기 체험 등 환경교육에 관한 이벤트도 개최할 계획을 밝혔습니다.

묘목사유림 (有限会社ノーザンレーシング 植苗社有林)				
기업(영명)	Uenae forest, Northern Racing Ltd			2023 SEGES
위치	北海道苫小牧市字植苗			
설립연도	2004년			
대지면적	9,445,024㎡	녹지면적	9,455,024㎡	
특이사항	• 2022년 인증 획득			우수 스테이지 ★★

묘목사유림(植苗社有林)

생물종 모니터링(참매)

[그림 55] 묘목사유림(植苗社有林) 모습

※ 출처 : SEGES, https://seges.jp/site/A2205.html

* 몬트리올 프로세스 : 산림 경영의 지속 가능성을 파악, 분석 및 평가하기 위해 표준 및 지표를 공식화하고 적용하기 위한 국제 대응

(25) Idemitsu Kosan Co.,Ltd.의 아이치 정유공장

이세만(伊勢湾)이 내려다보이는 아이치(愛知) 정유공장의 녹지는 폭 100m, 길이 2km의 녹지대를 중심으로 하고 있습니다. 45만 그루의 나무를 식재하여 인접 기업 녹지 공간과 연결하며, 풍부한 녹지 경관 형성에 기여하고 있습니다. 작은 동물과 새가 많이 서식하는 것으로 확인되었으며, 치타시(知多市)의 생태네트워크 구축에 중요한 녹지 공간입니다.

Idemitsu는 「공원 공장(Park Factory)」이라는 목표를 세운 최초 공장 중 하나이며, 녹화 사업에 매진한 역사가 있습니다. 이러한 선진성은 장래 녹지 정비 계획 수립에 반영되었으며, 생물다양성의 질적 향상과 희귀종 보호를 촉진하였습니다.

현재, 녹지대에 산책로가 정비되었으며, 새로운 비오톱도 설치되었습니다. 앞으로도 생태계 보전과 지역 커뮤니케이션 활동 모두 지속적으로 나아갈 예정입니다.

아이치 정유공장 (出光興産株式会社愛知製油所)				
기업(영명)	Idemitsu Kosan Co.,Ltd. Aichi Refinery			2022 SEGES
위치	愛知県知多市南浜町11番地			
설립연도	1975년			
대지면적	2,070,250㎡	녹지면적	320,324㎡	
특이사항	• 2010년 인증 획득			최상급 스테이지 ★★★★★

아이치 정유공장 전경

자연관찰회 개최

[그림 56] 아이치 정유공장

※ 출처 : SEGES, https://seges.jp/site/A1003.html

(26) Rissho 대학의 구마가야 캠퍼스

2017년에 개교 50주년을 맞이한 구마가야(熊谷) 캠퍼스는 개교 이래 「그린 캠퍼스」와 「자연과의 공존」을 컨셉으로 지역 사회에 개방적인 캠퍼스 만들기를 목표로 하였습니다. 최근에는 육상 클럽과 지역 달리기 클럽이 사용하는 녹지 공간을 활용한 크로스컨트리(cross-country : 숲 · 들판 · 언덕 등을 달리는 경주) 코스를 정비했습니다. 또한, 축구부는 캠퍼스 내 농업을 통한 인재 육성과 학생 교육을 실시하여 녹지 공간의 활용 범위를 확대하고 있습니다.

광활한 부지 내에는 다양한 녹음을 주는 수목이 남아 있으며, 꿩과 고주케이(コジュケイ, 꿩과) 등이 서식하는 잡목림이 넓은 면적을 차지하고 있습니다. 또한, 캠퍼스 중앙을 횡단하는 수로에는 개구리, 우렁이, 새우 등 다양한 생물이 서식하고 있으며, 오리와 왜가리가 날아다니는 등 풍부한 생태계를 구축하여 지구환경과학부의 연구 수행 및 지역 연계, 지역 공헌 활동에 활용하고 있습니다.

릿쇼 대학 구마가야 캠퍼스 (学校法人立正大学学園立正大学 熊谷キャンパス)

기업(영명)	Incorporated School of Rissho Daigaku Gakuen, Rissho University Kumagaya Campus			2022 SEGES
위치	埼玉県熊谷市万吉1700			
설립연도	1967년			
대지면적	351,201㎡	녹지면적	121,320㎡	
특이사항	• 2008년 인증 획득			최상급 스테이지 ★★★★★

릿쇼 대학 구마가야 캠퍼스 전경

캠퍼스 내부 수로

[그림 57] 릿쇼 대학 구마가야 캠퍼스

※ 출처 : SEGES, https://seges.jp/site/A0809.html

(27) TOYOTA MOTOR Corporation의 도요타 숲

「자연과의 공생」을 실천하는 현장으로 도요타 자동차의 본사에서 멀지 않은 회사 소유의 산림은 예전의 사토야마(里山)를 모델로 삼아 환경 학습을 시행하고 있습니다.

도쿄돔 9개 크기의 광대한 부지의 도요타 숲에는 다양한 동 · 식물이 서식하고 있습니다. 도시의 번잡함을 피해서 찾아온 도요타 숲은 생명이 자신의 리듬으로 성장하며, 시간이 천천히 흐르는 것 같은 느낌을 받을 수 있습니다. 지역 사회에 개방된 환경 학습 장소로 인근 초등학교를 중심으로 많은 어린이를 받아들이고, 장애인들도 참여할 수 있는 프로그램을 기획 및 실시하여 사토야마의 역할과 매력을 재미있게 배우는 기회를 제공하고 있습니다. 자연의 은혜를 느끼고, 자연으로부터 배우고, 지속 가능한 사회의 실현에 공헌하는 기업이 전하는 사토야마의 모델입니다.

도요타 숲 (トヨタ自動車株式会社トヨタの森)		
기업(영명)	TOYOTA MOTOR CORPORATION, Forest of Toyota	2022 SEGES
위치	静岡県沼津市宮本140番地	
설립연도	1997년	
면적	450,000㎡	
특이사항	• 2005년 인증 획득 • 2017년 '녹색 전당' 인증 및 2022년 리뉴얼	최상급 스테이지 ★★★★★

도요타 숲

생태학습장

[그림 58] 도요타 숲

※ 출처 : SEGES, https://seges.jp/site/A0506.html

(28) SONY Global Manufacturing&Operations Inc.의 Kohda 사이트

1972년 창업 이래 「녹지가 풍부한 공원 공장만들기」를 목표로 녹지와 사계절을 느낄 수 있고 공장의 조화를 고려한 녹지로 정비하고 있으며, 녹지관리 일부를 사회복지시설에 위탁하고 있습니다. 또한, 인접한 숲은 「소니 숲」이라고 불리며 산책로 정비, 애슬레틱(athletic), 전망대 등을 설치하여 아이들의 환경 학습 장소로 이용되고 있습니다.

소니 숲은 「올빼미가 사는 숲을 만들기」와 「자생종 묘목을 육성하는 활동」을 시행하고 있으며, 지역 기업과 협력하여 지역 자연복원활동에도 노력하고 있습니다. 2015년에 이러한 노력이 「UN 일본생물다양성 10년위원회(UNDB-J)」에서 권장하는 프로젝트 사업으로 인증되었습니다. 녹지 정비 활동을 통해 직원들의 환경 의식을 제고하고, Kohda 현장 전체의 환경 활동을 추진하고 있습니다.

Kohda 사이트 (ソニーグローバルマニュファクチャリング&オペレーションズ株式会社 幸田サイト)				
기업(영명)	Sony Global Manufacturing & Operations Corporation, Kohda Site			2022 SEGES
위치	愛知県額田郡幸田町大字坂崎字雀ケ入１番地			
설립연도	1972년			
대지면적	169,433㎡	환경설비면적	75,060㎡	
특이사항	• 2005년 인증 획득 • 2017년 '녹색 전당' 인증 및 2022년 리뉴얼			최상급 스테이지 ★★★★★

Lush Park Factory

소니 포레스트의 생태 학습 프로그램

[그림 59] KODA 사이트

※ 출처 : SEGES, https://seges.jp/site/A0508.html

(29) Mitsui Sumitomo Insurance Co.,Ltd.의 스루가다이 녹지와 ECOM 스루가다이

스루가다이(駿河台) 빌딩의 옥상정원은 1984년 완공되었습니다. 토양 깊이는 1m를 초과하고, 많은 생물이 생물다양성을 고려한 녹지 공간에 방문하고 있습니다. 스루가다이 빌딩에는 도심에서 매우 드물게 둥지를 틀고 있는 제비가 있으며, 일년 내내 그 모습을 관찰할 수 있습니다. 월간 조류 관찰은 이웃에 살거나 일하는 사람들이 참여하는 녹지 공간으로 생물을 접할 수 있습니다.

옥상정원 한쪽 구석에 채소밭이 붙어 있는데, 그것을 이용하는 이웃 몇 명은 "코로나로 우울했지만, 흙과 녹지를 만져 안심했다"고 말했습니다. 또한, 신관 옆에 위치한 ECOM 스루가다이는 자연과 환경에 대한 정보를 발신하는 등 지역 교류의 거점으로서 역할을 담당하고 있습니다.

미쓰이 스미토모 보험 주식회사의 스루가다이 녹지와 ECOM 스루가다이 (三井住友海上火災保険株式会社駿河台の緑地とECOM駿河台)				
기업(영명)	Surugadai Green Space and Ecom surugadai Mitsui Sumitomo Insurance Co.,Ltd.			2022 SEGES
위치	東京都千代田区神田駿河台3-9/3-11-1			
설립연도	1984년			
대지면적	17,387㎡	녹지면적	7,090㎡	
특이사항	• 2005년 인증 획득 • 2017년 '녹색 전당' 인증 및 2022년 리뉴얼			최상급 스테이지 ★★★★★

스루가다이 빌딩 전경

정원의 녹지 공간

[그림 60] 스루가다이 녹지와 ECOM 스루가다이

※ 출처 : SEGES, https://seges.jp/site/A0505.html

(30) DISCO Corporation의 치노 공장

DISCO 나가노(長野) 공장의 치노(茅野) 공장은 직원뿐만 아니라 주변 지역에도 평화와 휴식을 전하는 장소로 존재하는 것을 목표로 합니다. 봄에는 천하 제1의 벚나무를 시작으로 일본 왕벚나무, 겹벚꽃 등 50여 그루의 벚나무가 부지 전체를 분홍빛으로 물들이고, 여름에는 잔디밭의 초록색, 가을은 단풍의 짙은 붉은색, 계절 변화에 따라 색이 바뀌면서 야쓰가타케산(八ヶ岳)에 깊고 푸른 하늘이 더해집니다.

공장에 인접한 숲은 작은 사토야마(里山) 이지만, 설치된 큰 둥지 상자에 올빼미가 둥지를 틀고 있는 것을 확인했습니다. 2017년에는 새로운 공장 건물이 가동되기 시작했으며, 숲의 간벌 작업과 함께 새로운 녹화 사업도 시작하였습니다. 지역의 기존 식생 복원과 생물다양성 촉진을 위해 녹화 사업을 전개하고 있습니다. 또한, 기존 녹지의 유지 관리도 게을리하지 않으며, 「유지와 천이」를 달성하는 것을 목표로 하고 있습니다.

치노 공장 (株式会社ディスコ長野事業所 茅野工場)				
기업(영명)	DISCO CORPORATION, Chino Plant			2022 SEGES
위치	長野県茅野市豊平480			
설립연도	2006년			
대지면적	80,967㎡	녹지면적	33,385㎡	
특이사항	• 2017년 인증 획득			우수 스테이지 ★★★

치노 공장 전경	플록스 나무를 식재하는 직원

[그림 61] 나가노 공장 치노 공장

※ 출처 : SEGES, https://seges.jp/site/A1701.html

(31) SANDEN Holdings Corporations의 산덴 포레스트

설립 이래 이 지역에 사토야마(里山)를 만들고, 자생종의 수목 식재와 하천, 대체 운하, 비오톱에서 수생 식물과 생물이 자연적으로 생존할 수 있는 환경을 조성하는 것을 목표로 했습니다. 녹지 공간에는 4km 길이의 산책로와 희귀식물 보호구역, 환경학습장, 숲 교실 등이 있어 학교 견학이나 시민 단체 활동에 널리 이용되고 있습니다.

1998년부터 현재까지 부지 조성 전부터 생물다양성의 유지와 개선을 목표로 정기적인 모니터링 조사와 산림 및 녹지 공간 관리를 시행하고 있습니다. 2011년에는 OECD 우수사례로 도입되었고, 2013년에는 「녹화추진운동공로자 내각 총리 대신상 (緑化推進運動功労者内閣総理大臣賞)」을 수상했습니다. 또한, 2014년부터는 마에바시시(前橋市)로부터 「환경 교육 등의 체험 기회의 장소」로서 인증받아, 일반인이 폭넓게 이용할 수 있는 환경 교육 현장으로 만들고 있습니다.

산덴 포레스트 (サンデン株式会社サンデンフォレスト)				
기업(영명)	SANDEN HOLDINGS CORPORATION, Sanden Forest, Akagi Plant			2020 SEGES
위치	群馬県前橋市粕川町中之沢7番地			
설립연도	2002년			
대지면적	696,000㎡	녹지면적	375,500㎡	
특이사항	• 2008년 인증 획득 • 2020년 '녹색 전당' 인증 획득			최상급 스테이지 ★★★★★

산덴 숲

지역 자원봉사 보육 거점(모리노하하코 정원)

[그림 62] 산덴 포레스트

※ 출처 : SEGES, https://seges.jp/site/A0807.html

(32) Sony Semiconductor Manufacturing Corporation의 구니사키 새틀라이트

구니사키 새틀라이트(国東サテライト)는 아름다운 바다와 숲으로 둘러싸여 부지 면적의 3분의 1 이상이 잡목림으로 가득 차 있으며 수령 100년이 넘은 나무와 귀중한 고분이 흩어져 있습니다. 이 잡목림에는 산책로가 설치되어 직원의 건강을 개선하는데 도움이 되고 있습니다.

바다를 따라 펼쳐진 녹지 공간은 2003년부터 「소니 시오노카(潮の香) 공원」으로 시민에게 전면 개방되어 휠체어 사용자가 앉을 수 있는 테이블과 다목적 화장실을 갖추고 있어 초등학교 여행이나 지역 주민의 산책 코스로 인기 있습니다.

최근 몇 년 동안 동 · 식물을 조사하여 멸종 위기에 처한 올빼미와 금난초 · 은난초를 확인했습니다. 계속되는 해안 정화 활동으로 30년 넘게 중단되었던 붉은바다거북의 산란과 부화도 주변 해안에서 확인되어, 현재는 바다거북의 서식지 보전을 위해 지역 사회와 기업들이 힘을 합치고 있습니다.

소니 오이타 테크놀로지 센터 구니사키 새틀라이트 (ソニーセミコンダクタマニュファクチャリング株式会社大分テクノロジーセンター　国東サテライト)				
기업(영명)	Sony Semiconductor Manufacturing Corporation, Oita Technology Center			2019 SEGES
위치	大分県国東市国東町小原3319-2			
설립연도	1985년			
대지면적	86,000㎡	녹지면적	23,659㎡	
특이사항	• 2007년 인증 획득 • 2019년 '녹색 전당' 인증 획득			최상급 스테이지 ★★★★★

바다 옆 녹지공간

지역 사회와 연계한 해안 청소

[그림 63] 구니사키 새틀라트이트

※ 출처 : SEGES, https://seges.jp/site/A0701.html

저자소개

김영하 kiman9525@dau.ac.kr

동경농업대학(Tokyo University Of Agriculture)에서 조경학 박사학위를 취득하고 부산발전연구원에서 공원녹지 및 도시녹지계획에 대한 업무를 담당했으며, 현재 동아대학교 조경학과 조교수로 재직하고 있다. 관심 연구 분야는 공원녹지, 그린인프라, 기후변화에 따른 공원녹지 정책이며, 최근 논문으로는 산림법제도의 변천과 산림전문가 양성의 체계에 관한 연구(2021), 국내외 해양생태계 관리계획의 네트워크 분석(2021), 일제강점기 조선시가지계획령에 고시된 부산소재 도시공원의 변천(2017), 생물다양성 감소에 대한 공분산구조분석을 통한 부산시민 인식 분석(2017), 근린공원의 이용에 따른 건강효과에 관한 연구(2016) 등이 있다. 그리고 부산광역시 공원운영과에 의뢰받아 「부산 도시공원 100년」을 집필 및 제작했다.

조미정 cmjs@dau.ac.kr

동아대학교 대학원에서 조경학 석 · 박사학위를 취득하였으며, 현재 동아대학교(산학협력단) 조경학과 연구교수로 재직중이다. 관심 분야는 도시정원 및 도시재생, 도시농업 분야이며, 관련 연구들을 수행하고 있다. 최근 정원작가로 활동하고 있으며, 부울경정원문화협회, 부산정원문화협회 협회장을 위임하고 있다.

김민경 mink30@dau.ac.kr

동아대학교에서 조경학을 전공하였으며, 조경기사 및 자연생태복원기사를 취득한 후 건설 관련 해외 사업부에서 종사하였다. 현재 동아대학교 산학협력단에서 녹색복원 특성화 관련 연구원으로 재직하고 있다.

조은지 silverpaper114@daum.net

동아대학교 조경학과를 졸업하고, 동 대학원의 도시계획·조경학과 생태복원 연구실에 재학중이다. 관심 연구분야는 생태복원 계획·설계, 수목 관리, 하천 식물, 습지 보전이며, 논문으로는 계절별 강수 패턴에 따른 하천 식생 변화 양상 연구(2022)를 게재했다. 그리고 생태복원 지역의 관리효율성 향상을 위한 식재 및 관리개선 기법(2021~2022), 생태환경 진단지표 마련 및 적용 방안 연구(2022), 고성 마동호 습지보호지역 보전계획 수립 연구(2022) 등에 연구보조원으로 참여했다.

유승연 bc1800352@naver.com

동아대학교 조경학과를 졸업하고, 동 대학원의 도시계획·조경학과 생태복원연구실에 재학 중이다. 관심 연구분야는 생태복원, 산림학, 식물학, 습지이며, 최근 덕유산국립공원 보전·관리계획(2022), 기후변화 대응 생물다양성 평가 및 변화 예측 연구(2022)를 수행하였으며, 최근 논문으로는 계절별 강수 패턴에 따른 하천 식생 변화 양상 연구(2023)를 게재했다.

생물다양성을 고려한 공원녹지 정책 방향(일본편)

1판 1쇄 인쇄 2023년 11월 20일

지은이 김영하, 조미정, 김민경, 조은지, 유승연

발행처 넥서스환경디자인연구원(주)

출판신고 2007년 2월 21일 (신고번호 제22-3086호)

주소 경기도 의왕시 이미로 40 인덕원 IT밸리 B903 (우)16006

전화 031-424-2930 | **팩스** 031-421-2931

홈페이지 www.nexusdesign.co.kr | **이메일** nexus@nexusdesign.co.kr

편집디자인 김 보 라

ISBN 979-11-87571-23-0

이 책은 저작권법에 따라 보호받는 저작물이므로 무단 전재와 무단 복제를 금지하며, 이 책의 내용의 전부 또는 일부를 이용하려면 반드시 저작권자의 서면 동의를 받아야 합니다.
파본 및 잘못된 책은 바꾸어 드립니다.